Studies in American Civilization

美国文明研究论丛

从清教神坛到福利国家

——美国工作伦理的演变

钱满素　主编

王　萍　著

CCTP 中央编译出版社
Central Compilation & Translation Press

图书在版编目 (CIP) 数据

从清教神坛到福利国家：美国工作伦理的演变 / 王萍著 .
—北京：中央编译出版社，2016.3
（美国文明研究论丛 / 钱满素主编）
ISBN 978-7-5117-2939-2

I. ①从… II. ①王… III. ①职业道德－研究－美国 IV. ① B822.9

中国版本图书馆 CIP 数据核字 (2016) 第 018447 号

从清教神坛到福利国家：美国工作伦理的演变

出 版 人：刘明清
出版统筹：董 巍
责任编辑：韩慧强 王媛媛
责任印制：尹 珺
出版发行：中央编译出版社
地 址：北京西城区车公庄大街乙 5 号鸿儒大厦 B 座 (100044)
电 话：(010) 52612345（总编室） (010) 52612363（编辑室）
(010) 52612316（发行部） (010) 52612317（网络销售）
(010) 52612346（馆配部） (010) 66509618（读者服务部）
传 真：(010) 66515838
经 销：全国新华书店
印 刷：北京中兴印刷有限公司
开 本：880 毫米 ×1230 毫米 1/32
字 数：210 千字
印 张：7.75
版 次：2016 年10月第 1 版第 2 次印刷
定 价：30.00 元

网 址：www.cctphome.com 邮 箱：cctp@cctphome.com
新浪微博：@ 中央编译出版社 微 信：中央编译出版社（ID：cctphome)
淘宝店铺：中央编译出版社直销店 (http://shop108367160.taobao.com) (010)52612349

本社常年法律顾问：北京嘉润律师事务所律师 李敬伟 问小牛
凡有印装质量问题，本社负责调换，电话：010-55626985

本套丛书由江苏高校优势学科建设工程资助

（项目代码 20110101）

总序：探究文明的活力

悠悠三十八亿年，地球上的生命形态从无到有、由低向高，终于进化出人类这一近乎奇迹的结果，对之我们不能不怀有敬畏之心。科学家估计，仅从早期智人进化到现代人就历经漫长的二三十万年，而现代人是惟一幸存的人属。当然，这些数字不可能那么确切，也不是生不满百岁的我们所能体验的。比较确定的是：可以称为文明的人类历史不过五千年，人类作为一个物种还很年轻。

在饥饿的驱使下，这个头脑发达、直立行走的裸猿不止一次地走出东非大裂谷，勇气非凡地散向全球各地。一切生物存在的不二法则就是适应环境，人类各群体在适应其所在自然环境的过程中，逐渐发展出了各自不同的生活方式——物质的、精神的，还有社会组织形式，这就是文明的孕育过程。所有的文明都是人类整体文明的一部分，具有某些共同的性质，否则就不能称其为人类了。人类是高智商的，但不是完美的，他智慧而狂妄，富于攻击性，动辄诉诸武力。各文明内部充满争斗，乃至残忍的杀戮；不同文明遭遇时也一样，虽有和平融合，更有暴力冲突、征服消灭，这是人类所继承的动物基因所决定的。好在越来越多有理性的人类正在试图摆脱这一宿命，以和平的方式来解决各种问题。

文明的分类颇为复杂，有的已经消亡，有的正在兴旺；有独立发展形成的，也有其他文明派生出来的“卫星文明”。美国文明一般被置于现代西方文明的大框架内，但还是有其鲜明的特点：它创建于启蒙时代，最具理性的构思设计；它没有需要甩掉的历史重负，而是充满好奇和活力地面向未来。这一人类最为年轻的文明自形成后一路高歌，发挥着日益扩大的全球影响。

对任何一种文明来说，最关键的是其初始阶段，即基因产生之际，这一点在欧洲人殖民南北美洲的历史中尤为明显。一旦胚胎形成，以后的发展便往往遵循最初刻下的轨道，除非外族入侵、自然灾害等猝然降临，才会诱发基因突变。文明基因的产生既有其必然，也有其偶然，美国文明是英国的基因在北美新大陆自由空间中的变异，而它形成的机遇则是15世纪末美洲新大陆的发现。

没有哥伦布发现新大陆，就不可能有美国，这是从时间上定义美国——它是一个产生于现代的国家，跳过了史前、古代、中世纪等历史阶段，直奔现当代而来。当然，哥伦布并非第一个进入美洲的人类，早在最后一次冰期，人类就从西伯利亚经白令海峡陆桥进入美洲，而且可能还不止这一个途径，基因研究表明，早期人类也有可能从欧洲和爪哇等地进入美洲，只是由于大陆板块的漂移，美洲与欧亚大陆彼此隔绝长达万年，相互不知对方的存在。这里重要的不是谁最早发现了美洲，而是谁的发现导致了最大的影响。毫无疑问，哥伦布在1492年踏上美洲大陆的意义绝非早期进入的人类可比，这次发现不仅打通了欧美两大洲，还将地球上各自为阵的人类整合成一个世界，从此改变了人类的视野和生活。究其原因，离不开文明发展的落差，地理大发现时的西欧文明已经强大到足以改变美洲，他们的知识结构和科技水平都远高于原住民。假设反过来，15世纪的美洲文明水平高于西欧，那么登陆后的哥伦布船队又会遭遇何种结果呢？也许就是美洲人来叩开欧洲的大门了。

英国并不是第一个殖民美洲的西欧国家。当时的海上霸主是西班牙，哥伦布是受了西班牙女王伊莎贝拉的赞助才发现了美洲，虽然他本人以为到达了目的地印度，于是便有了奇怪的“东印度、西印度”

之称，原住民也莫名其妙地成了印第安人。西班牙、葡萄牙，还有荷兰、法国，都争先恐后来到美洲开疆辟土，掠夺财富，横扫了中南美洲的印第安文明。西班牙和葡萄牙签订协议，狂妄地瓜分美洲，他们将本国的人口、君主制和天主教移植到此，开始直接的殖民统治。

直到1588年战胜西班牙无敌舰队，英国才有了更多插手美洲的机会，这时距离新大陆的发现已近一个世纪。有人问起：英国派了哪个将军、多少部队前往北美为殖民开道？学历史需要想象，而想象往往基于头脑中已经储存的信息，这一联想大概来于鸦片战争。答案是否定的：没有军队，因为没有这个必要。当时的北美大陆上不存在国家，不存在政府，当然也没有军队。原住民尚处于部落和部落联盟的组织形式，他们人数不详，估计不足千万，也就是不到今天北京人口的一半，想来是山南海北，踪迹难觅。他们散落在整个北美大陆上，主要以狩猎为生，逐水草而居。他们有语言而无文字，有陶器而无铁犁，也没有土地私有的概念。殖民者初到时和原住民一样，都只是随时准备自卫的平民小群体。

英国在北美的殖民与在印度不同，不是去统治原住民，那里也没有南美的财富，英国是放手让移民去荒原上开辟自己的居住区，从而扩大英国的海外领地。作为新教国家，英国的殖民也从一开始就与南美不同，新教具有权力分散的特点，陆续建立的十三个殖民地虽然成立时方式各不相同，有皇家特派的，有以公司名义建立的，还有作为领地的，但具体的治理方式都是地方自治。弗吉尼亚的第一拨殖民者创建了北美大陆上第一个议会，英国议会政治在此扎根。史称“朝圣者”的第二拨移民在到达普利茅斯前，就在五月花号船上签订公约，宣布了立约自治和依法治理的政治原则。第三拨移民是一批有组织有理想有纲领的清教徒，他们创制的“新英格兰方式”更是奠定了美国文明的基础。不同的文明基因就此在北美和南美分别播种、成长、发展，形成了如今南北美洲的不同景象。

但是，既然人类文明是适应环境的产物，英国文明就不可能在新环境下保持原样不变。适合人口密集区域的领主与佃农的土地契约关系，到了广袤的自由土地上便很难维持，谁能阻挡人们去一望无边的“无主土地”上开垦自己的家园呢？人口的分散使自上而下的教会管束变得不那么容易，牧师们对几十英里外的教徒鞭长莫及，而教会自治本来就是新教的信念。在这个自耕农占大多数的社会里，个人摆脱人身依附，自由自主被认为理所当然。随着社会等级的藩篱被打破，人们对自由平等的向往水涨船高。然而，在种种新关系的形成中，劳动力的匮乏导致了黑奴的输入，给这个原本比较健康的文明带来了严重的出生缺陷。

在长达一个半世纪的殖民时期里，大部分北美人享受了自治的权利，习惯了自治的方式，任何来自大洋彼岸的国王和国会的干预都变得越来越无法忍受。他们的政治思想日臻成熟，超越了王权专制，他们对共和的信念精炼地表达在1776年的《独立宣言》中。独立战争使他们最终挣脱了英国的统治和王权的束缚，赢得彻底的自治权。接着，他们将自己的理想付诸实现，成立了现代世界第一个超大型共和体制——美利坚合众国。

为了一个更完美的联邦，他们反复斟酌，精心制定宪法，作为新国家的根本大法。在限制政府权力和保障公民权利上，宪法设置了一系列巧妙的关卡来分权制衡，既要保证国家的稳定，又要保护公民的创造力。在19世纪结束前，新世界的美国人一直以代表未来的姿态反观旧世界，保持着警戒之心。

239年过去了，美国经历了无数次考验：西部开发既有拓荒者的艰辛，也包含对原住民的无情驱赶，还有耀武扬威的侵略战争；一场无比惨烈的内战结束了奴隶制，而南方的重建又伴随着尖锐的种族冲突；多次规模空前的移民潮冲击，大量身无分文的贫民从世界各地涌向这“穷人的乐园”，带来了不同性质的文化和生活方式，有待磨合相融；还有工业化、城市化、大萧条、世界大战等等。如今，它的疆土扩大了不止三倍，人口从三百万增加到三个亿，经济繁荣，科技发达，稳居世界榜首。美国人以四年重复一次的总统选举替代了王朝兴衰的重复，有效地避免了破坏性的社会震荡，这办法看似简单，却蕴含着巨大的智慧，体现了全社会高度的政治共识。于是我们看到一个似是而非的美国：表面上常现混乱，却并不妨碍它根基的稳定；内部的反对者层出不穷，却从无将其推倒重来的企图，因为天下已经为公。每次面对问题与挑战，美国人以实用主义的心态，寻找解决之法，也每每能有惊无险，继续前行。这一切的奥秘在于，自我更新所需的竞争与变革机制就设置在合众国宪法之内——人民的自决权、官员的竞选产生、宪法的修正案等。若无宪法对自由、开放、多元的保障，美国就不可能保持活力，也就不可能如此稳定，哪一个专制王朝能够在开国239年后不陷入内乱外患的颓势呢？事实上，美国建国后的体制与殖民时期一以贯之，如果加在一起，已经超过四百年。

汤因比在《历史研究》序言中剖露了自己作为一个史学家的良知："在1915和1916年，我学校中的朋友、同事约有一半死于战争。在其他交战国当中，我的同代人死亡的比例也不亚于此数。我在世上活得越久，我对恶毒地夺走这些人生命的行为便越发悲痛和愤慨。我不愿我的子孙后代再遭受同样的命运。这种对人类犯下的疯狂罪行对我提出了挑战，我写这部书便是对这种挑战的反应之一。"汤因比活到了1975年，目睹第二次世界大战的浩劫后，想必他更加发奋著书。当我们将人类不同部分纳入一个整体来观察研究时，我们更容易超越国界，突破自身局限，摆脱自我中心，在平等的基础上客观对待其他文明，而不是那种妄自尊大，居高临下，以各种借口挑动文明斗文明，给人类造成灾难。历史上的教训已经太多了。

在研究各种文明的兴衰后，汤因比发现："自决能力的丧失是判断文明衰落的最终标准。"任何文明在走向解体之前，必先经历停滞，而停滞的先兆就是封闭。当个体的自决权被取消，当一个社会统一到毫无异议，便意味着这个社会不再有创造力，也就失去活力。无论处于何种发展阶段，一种长期停滞的文明在具有活力的外来文明冲击下都是不堪一击的。美国文明还能走多久，完全在于它是否能保持其活力，继续容纳多样性，拒绝封闭。

文明研究，包括美国文明研究，在国内还是一个比较新的学术领域，有待大家的探索。本丛书是南京师范大学美国文明研究所的最新成果，它们跨越了美国四百年历史，涵盖多个重要题材：从美国的精神源头清教开始，延伸到社会的世俗化进程、自治传统的保持、政党政治的形成、对教育的高度重视，以及现代社会保障及福利制度的形成演变，试图对认识这一文明本身作一些深入的努力，希望能引起读者的兴趣和批评。

目 录
Contents

导 论

一

人类进行劳动实践的过程，就是人类本质不断生成和展现的过程，体现着人的积极价值。就个人而言，劳动是体现自身存在价值的方式，就整体而论，劳动是促进文明衍化的条件。它“是人类生活的固有特征，是唯一能够实现个人抱负和社会进步的手段。”[1]劳动作为一种个人行为，是一种有意识的生产活动，首先满足的是个人最基本的生存需要，也就是所谓的“不劳动者不得食”；同时，劳动也是一种社会行为，体现的是人与人之间通过劳动建立的交往活动。当劳动只是一种纯粹的个人行为时，他采用的劳动方式，选取的劳动时间，依赖的劳动工具，表现出的劳动态度等，都是个人行为的结果，无关乎他人；但作为社会的一分子，个人的劳动行为必然会通过交往活动与周围的人产生某种关系，这时，劳动已经不再是个人劳动，而是社会劳动。当劳动成为一种社会活动时，劳动的社会准则就应运而生，形成了整个社会普遍接受的工作伦理。

某个社会的工作伦理一旦被确立下来，便成为一种凌驾于个体之上的集体权力，任何个人都必须在相应的道德体系内活动，否则，就会招致共同的道德基础——社会舆论的批评。正如法国社会学家涂尔干所

1 Dominique Meda, “New Perspectives on Work as Value,” *International Labor Review* 6 (1996), 633.

说："道德体系通常是群体的事务，只有在群体通过权威对其加以保护的情况下方可运转。道德是由规范构成的，规范既能够支配个体，迫使他们按照诸如此类的方式行动，也能够对个体的取向加以限制，禁止他们超出界限之外。"[1] 同样，个人对工作伦理的尊敬和遵守又会加强和巩固工作伦理的地位，对社会发展形成积极的反作用。

现代美国社会的工作伦理是建立在新教工作伦理之上的。20 世纪初，马克斯·韦伯 (Max Weber) 在《新教伦理与资本主义精神》一书中首次使用新教工作伦理的概念，论述了资本主义发展与新教工作伦理之间的关系。在此之前，人们对工作的看法只是散见于文人学者的一些著作，真正提出工作伦理的概念并从思想文化的角度加以系统论述的正是这位德国学者。从他以后，对工作伦理的专门研究才从无到有，逐渐兴盛起来。造成这种状况的原因可能是工作作为一种最基本的生活方式距离我们太近了，不具备陌生化的特点，以至于我们只是把它作为一种不证自明的常识来对待。英国著名历史学家汤因比 (Arnold Joseph Toynbee) 曾说："人类世界中的变迁、异常和创造都是独特性的表现，历史学家的最重要的目标之一就是用他们的智力捕捉这些变迁、异常和创造。"[2] 历史学家常说的"事实明摆在那里供人使用"的假定无疑是错误的。"事实本身不会说话。"概念不是从证据中"浮现"出来的，只有先有理论，才能构建起事实。[3] 韦伯无疑做到了这一点。

需要强调的是，本书中的工作伦理有别于通常意义上的"职业道德"。职业道德指的是某一具体职业要求具备的基本素质，有多少种职业就有多少种道德规定，都具有相对的自主性，例如，教师的职业道德是有教无类，记者的职业道德是客观公正。而工作伦理则是适用于所有职业的共同道德，也就是社会中的每个个体都必须遵守的统一规则。本

---

1 〔法〕爱弥儿·涂尔干著，渠东，付德根译：《职业伦理与公民道德》，上海人民出版社 2006 年版，第 7 页。

2 〔英〕阿诺德·汤因比著，刘北城等译：《历史研究》，上海人民出版社 2005 年版，第 425 页。

3 〔英〕阿诺德·汤因比著，刘北城等译：《历史研究》，第 426 页。

书中的工作伦理在不同历史时期的具体所指会稍有不同，但其主要精神——勤劳节俭、反对懒惰——贯穿始终。

之所以对美国工作伦理的演变感兴趣，从而决定进行一番深究，原因是多方面的。

首先，正如前文所说，工作是我们日常生活中最基本的存在，是每个人都具备的一种普遍能力，但恰恰因为这种基本性和普遍性，我们往往会忽视它所具有的除经济功能之外的文化特性。因此，从思想文化发展的角度尝试去捕捉美国工作伦理内涵的演变，为理解美国文化和美国人的民族特性提供了一个新的选择。

其次，相较于其他国家，美国工作伦理具有独一无二的特性，这与其特殊的历史发展过程和政治、经济、思想、文化背景密切相关。宗教，世俗化的发展，广阔的边疆，社会达尔文主义，以及福利国家，都对美国工作伦理的发展变化产生了或多或少的影响。

再次，国内现有的系统研究较少。国内对美国工作伦理的研究几乎都侧重在清教工作伦理以及工作与福利的关系两个方面，也就是说大多是片断性研究，至于这两个阶段是如何衔接起来的，其中有何变化，要么一笔带过，要么撇开不谈，因此不够全面。本书希望通过描绘美国工作伦理发展变化的全貌，帮助读者更好地了解工作伦理在社会发展中的重要作用。

最后，选择从整体上把握美国工作伦理演变的原因可以用汤因比的一段话来回答。“为什么要从整体上研究历史呢？为什么要关照我们所处时代以及所在地域以外的事物呢？这是因为现实要求我们具有这种较为宽广的眼光。对历史进行全面研究的现实需要，是显而易见和无可争辩的。即使我们不是出于自我保存的目的来研究历史，我们也应受好奇心的驱使而对它表示关注，因为好奇心是人性的显著特点之一。”[1]

1 〔英〕阿诺德·汤因比著，刘北城等译：《历史研究》，上海人民出版社2005年版，第1页。

二

就目前国内的研究情况来看，关于本选题的系统研究成果不多。就专著来说，没有一本与美国工作伦理有关的专门著作发表，只能在已经出版的与美国文化、政治、经济、福利研究相关的专著中，找到一些较为权威且具有一定参考价值的内容。例如本文涉及美国国家福利政策的一些发展变化，国内在这个方面有一些专门的著作，其中以黄安年的《当代美国的社会保障政策》和杨冠琼主编的《当代美国社会保障制度》为代表。《当代美国的社会保障政策》一书不仅详细叙述了美国自1945年以来历届政府的主要福利政策和理念，而且还分类介绍了各福利保障项目的具体内容，有助于作者从纵向和横向两个方面把握当代美国社会保障的全貌。《当代美国社会保障制度》则对福利保障项目内容及保障制度的利弊做了更加深入的介绍和分析。还有一些有关美国思想文化的著作对作者把握美利坚民族的精神气质有很大帮助，例如康马杰《美国精神》的中译本。此外，一些思想文化和政治经济方面的通史也给了作者很大的启发，例如钱满素的《美国自由主义的历史变迁》为理解自由主义内涵的变化与美国工作伦理观演变的关系提供了一个较为清晰的思路，刘绪贻、杨生茂主编的《美国通史》对本选题中涉及的一些历史事件和人物也有介绍。

在论文期刊方面，直接针对美国工作伦理观的演变进行论述的文章几乎没有，少数几篇与美国工作伦理有直接关系的论文也只是集中在清教工作伦理[1]和工作福利[2]两个方面。只有林大均（台湾）发表了一篇题

1 陈华："清教思想与美国精神，"《四川师范大学学报》，2004年第4期；姬东："《致富之路》中富兰克林清教思想初探，"《外国文学研究》，2004年第6期；林培泉："浅谈《圣经》中的工作伦理观，"《金陵神学志》，2007第1期；鲁运庚："北美殖民地时期童工劳动与清教观念，"《中国社会科学院研究生院学报》，2009年第4期。

2 信长星："从救济到工作——美国的社会福利制度改革及其启示，"《中国就业》，2001年第8期；郝花："美国工作福利制度评估，"《社会工作》，2007年第11期；李丹，徐辉："欧美国家的工作福利政策及其启示，"《厦门大学学报》，2008年第4期；侯帅："福利国家矛盾中的工作伦理探析——以'奥菲'悖论为视角，"《长春大学学报》，2011年第7期。

为《美国工作伦理观念之演变》的文章，从五个方面论述了美国工作伦理观的演变过程。他指出，依据历史发展变化过程，工作伦理在美国具有以下五种涵义：清教徒工作伦理，技艺工作者伦理，企业家伦理，工作生涯伦理，自我实现的工作伦理，并对各阶段的涵义做了具体的介绍和分析。[1]林大均明显参考了迈克·迈克比从个人自我实现的角度对美国工作伦理观的演变进行的论述：尽管各个阶段劳动主体的工作理念、内容和方式不尽相同，但他们的目标都是自我价值的实现。[2]

总的来说，国内学术界目前对美国工作伦理的研究基本上是散见于学术文本之中，缺乏在历史发展的视野下对其的宏观把握，在广度和深度上都存在不足，因此难免给人以管中窥豹的感觉。通常情况下，要想弄清一个问题，首先必须从它的历史源头去探寻，这样才能把握其本质与规律，避免以偏概全。

相对于国内对工作伦理研究的波澜不兴，美国学者表现出了较高的热情，大量的学术专著和论文从70年代起陆续面世，并且对它的研究到现在仍是方兴未艾。其中一个最主要的原因是它与美国福利制度之间的紧密关系。自从上个世纪70年代末美国政府提出“工作福利”[3]计划后，关于工作福利能否解决国内贫困问题的争论就一直没有停止，由此在学者中掀起了一股对工作、工作伦理以及相关论题的研究热潮。

总的来说，目前对工作伦理的研究主要集中在以下几个方面：

第一，对工作伦理观的演变过程的研究。研究的成果主要是专著，其中最具代表性的是《劳动的概念》[4]、《美国的工作价值观》[5]和《美国工作

---

1 林大均：“美国工作伦理观念之演变，”《劳工之友》，1991年第5期。

2 Michael Maccoby, “The Managerial Work Ethic in America,” in Jack Barbash, ed. *The Work Ethic: A Critical Analysis*. Madison: Industrial Relations Research Association, 1983.

3 目前“工作福利”的概念在学术界并不统一，但多数学者在研究中将任何鼓励或促使人们从福利转向有偿工作的政策干预都视为工作福利政策。

4 Herbert Applebaum, *The Concept of Work: Ancient, Medieval, and Modern*. New York: State University of New York Press, 1992.

5 Paul Bernstein, *American Work Values: Their Origin and the Development*. New York: State University of New York Press, 1997.

伦理及其发展动力》[1]三本书。与后两部书相比，《劳动的概念》时间跨度最大，从古希腊开始一直到20世纪90年代结束，分为古代、中世纪和现代三个部分。作者对各个时期的工作概念进行了详细的叙述，最后肯定了劳动的价值。这本书的与众不同之处在于它对古代和中世纪的工作概念的深入研究，为读者提供了一个更为广阔的视野。《美国的工作价值观》和《美国工作伦理及其发展动力》两本书都从三个阶段对美国工作伦理观的演变过程进行了研究，但研究的具体内容不同。前者从"工作是神恩"、"工作是机会"和"工作是自我价值的实现"三个方面论述了工作伦理在不同时期的不同内涵；后者则是对殖民期、19世纪和20世纪美国的主要工作群体的不同工作伦理观进行了横向和纵向的对比。

第二，对工作与福利的关系的研究。学者对二者的关系有两种截然不同的观点：一是福利损害了工作伦理，二是福利没有损害工作伦理。双方针锋相对，都做了大量的研究。持第一种观点的学者[2]主要从以下五个方面论证了福利对工作伦理的颠覆。第一，福利项目的设计不合理，不工作的福利收入与工作的收入差别不大，在这种情况下，从经济的角度出发，不工作显然是更加理性的选择。第二，针对一些人提出的缺乏就业机会的观点，反对者指出，不是就业机会不足，而是他们过于挑剔，拒绝干脏、累、差的工作。第三，利用数据对比的方式证明不工作的穷人的数量实际在增加。第四，从贫困文化的角度出发，指出福利

1 Herbert Applebaum, *The American Work Ethic and the Changing Force*. Westport, CT.: Greenwood Press, 1998.

2 Gary Burtless, "The Economist's Lament: Public Assistance in America," *The Journal of Economic Perspectives* 1 (1990), pp.57-78; Lawrence M. Mead, "The Logic of Workfare: The Underclass and Work Policy," *Annuals of the American Academy of Political and Social Science* Vol. 501 (1989), pp.156-169; Timothy Besley & Stephen Coate, "Workfare versus Welfare: Incentive Arguments for Work requirements in Poverty-Alleviation Programs," *The American Economic Review* 1 (1992), pp. 249-261; Norval D. Glenn & Charles N. Weaver, "Enjoyment of Work by Full-time Workers in the US., 1955 and 1980," *The Public Opinion Quarterly* 4 (1982), pp.459-470; Paul J. Andrisani, "Commitment to the Work Ethic and Success in the Labor Market: A Review of Research Findings," in Jack Barbash, ed. *The Work Ethic: A Critical Analysis*. Madison: Industrial Relations Research Association series, 1983.

导致了穷人道德上的堕落，并形成了一个相对稳定的下层阶级。最后，从反面论证信奉工作伦理的人能够成功脱贫致富。持第二种观点的学者[1]也从以下几个方面进行了回击。第一，穷人被边缘化。在一个总体教育水平很高的社会，没有技术的穷人找不到工作。第二，通过回溯历史的方式证明福利的低效与工作伦理无关。第三，福利政策的制定者不了解民情，有理论和实际脱节的现象。这也是长期以来福利政策屡遭批评的一个重要原因。但这也提出了一个新问题：哪些人才是制定政策的合适人选？划定合适人选的标准是什么？显然，这又陷入了一个循环往复、难以跳脱的怪圈。

第三，对工作的意识形态的研究。比德[2]和安东尼[3]都在自己的著作中提出了工作意识形态化的问题。虽然两人论证的方法稍有不同，但殊途同归，得出了相同的结论，即当今社会提倡的勤俭节约、刻苦耐劳的工作伦理观是社会工业化之后被刻意塑造和宣传的，也就是说，生产资料的所有者强行从意识形态上向劳动者输出工作的意义和价值。那么该如何应对呢？两人的意见并不一致。比德认为，劳动者应该重新审视工作伦理的价值，即反抗现有的工作伦理。安东尼则比较悲观。他认为，在以经济发展为首要任务的工业社会，对现有工作伦理的反抗不仅不会削弱它，反而能进一步巩固它的力量。

总的来说，目前对工作伦理的争论主要集中在19世纪下半叶美国成为工业化国家之后，相比之下，殖民期的清教工作伦理和建国期的富兰克林实用主义的工作伦理都已经被普遍接受。工业化之后，由于经济

1 H. Roy Kaplan & Curt Tausky, "Work and the Welfare Cadillac: The function of and Commitment to Work among the Hard-Core Unemployed," *Social Problems* 4 (1972), pp.469-483; Nancy E. Rose, "Gender, Race, and the Welfare State: Government Work Programs from the 1930s to the Present," *Feminist Studies* 2 (1993), pp.318-342; Elaine McCrate & Joan Smith, "When Work Doesn't Work: The Failures of Current Welfare Reform," *Gender and Society* 1 (1998), pp.61-80; Stacey J. Oliker, "Does Workfare Work? Evaluation Research and Workfare Policy," *Social Problems* 2 (1994), pp.195-213.

2 Sharon Beder, *Selling the Work Ethic: From Puritan Pulpit to Corporate PR*. New York: Zed Books Ltd., 2000.

3 P. D. Anthony, *The Ideology of Work*. London: Tavistock Publications, 1977.

的极大发展，美国在社会生活的各个方面都发生了翻天覆地的变化，尤其是思想向多元化发展。这一倾向随着时间的推移愈来愈明显。立场不同，持有的观点也就不同，尤其对于像工作伦理这样与个人道德紧密联系的问题，往往很难以对错来加以判断。但作者认为，就工作伦理而言，有一条真理是颠扑不破的，那就是在可以预见的未来，工作仍将是人类生活中不可回避的主题之一。

三

工作[1]并不是一直被人如此重视。在古希腊，工作被看作是神施加于人的诅咒，是一种毁人心智的生产活动。这种活动产生的只是技术知识，与人的自由无关。只有那些无需工作，把时间花在哲学思考和丰富文化上的人才是真正自由的人，才能成为统治阶级。亚里士多德说："那些做工匠的和过着劳作生活的人，是没有一个人能进行美德修炼的。"[2]早期的基督徒对工作的看法是矛盾的。他们认为，劳动就是赎罪，本身不具有任何价值，但是，他们也相信，人们需要工作来维持他们自己的生活，并且帮助那些需要帮助的人。起源于16世纪的新教改革给工作的社会价值带来了深刻的变化。马丁·路德(Martin Luther)宣称，劳动是侍奉上帝的方式之一，是一件光荣且具有宗教意义的事情。工作第一次受到高度重视。

工作的地位得以提升与当时社会经济的发展是密不可分的。曾经被歧视的手工业者和商人阶层以及靠工作为生的中产阶层在社会经济的发展中取得了先机，掌握了较之以往更多的生产资料。这意味着他们受到来自于天主教会与贵族的更多剥削，但是社会地位却没有得到相应的提升。这种经济地位与政治地位不匹配的状态势必打破社会机制的平衡与

---

1 在世俗化之前，工作一般指的都是体力劳动。

2 〔美〕查尔斯·H·扎斯特罗著，刘鹤群、房智慧译：《社会工作与社会福利导论》(第七版)，中国人民大学出版社2005年版，第403页。

稳定，寻求新的平衡点。宗教改革就是这样一个契机。

作为宗教改革的受惠者，这些信奉新教的新兴阶层势必要从宗教上为自己的日常行为正言。于是，他们一方面引经据典，批评天主教的教士们不事生产，借以提高自己劳动者的地位，另一方面，作为经济发展的受益者，他们还需要为自己积攒的财富做出合理的解释。于是，以工作和金钱为核心的新教工作伦理应运而生。具体到美国，也就是我们所说的清教工作伦理。

以加尔文(John Calvin)为首的清教领袖就是从劳动和金钱两个方面重新定义了工作伦理。一方面，他们强调工作是美德，懒惰是罪恶，另一方面则宣称财富是天恩，即上帝的恩赐。既然是上帝的恩赐，又怎么能够拒绝呢？此外，他们还进一步将工作和财富与信徒最终的救赎联系起来，让信徒相信，工作越认真勤奋，财富积累得越多，获得救赎的可能性就越大。如此一番解释之后，清教工作伦理帮助这个新兴的阶层在追求天国的救赎和世俗的财富之间达到了一种微妙的平衡。反映到日常生活中，就是清教徒们无时无刻不信守教义，勤奋工作，积累财富，以证明自己是上帝选民中的一员。这种虔诚的工作态度对后世产生了深远的影响。托尼（R. H.Tawney）在《宗教与资本主义的兴起》中生动刻画了这样一群清教徒的形象：“这是严肃的、热情的、信奉上帝的一代人，轻视虚浮，按时劳作，定时祈祷，节俭而又兴旺，对自己和自己的天职充溢着得体的自豪，深信艰苦劳作就是通往天堂之路。”[1]

马克斯·韦伯观察到了这个独特的工作伦理，在仔细分析论证之后，他提出了新教工作伦理是资本主义发生发展的根本原因。当然，韦伯的观点遇到了许多强有力的反驳。但不可否认的是，不论新教工作伦理究竟是否催生了资本主义精神，它后来确实被资本家所用，成为资本所有者长期灌输给劳动者的价值观。所以，韦伯在《新教工作伦理与资本主

1 〔英〕R·H·托尼著，赵月瑟、夏镇平译：《宗教与资本主义的兴起》，上海译文出版社2006年版，第126页。

义精神》中关于宗教改革意义的论述是有一定道理的。他指出，从经济层面上来看，宗教改革并非一次解放运动，"相反却只是用一种新型的控制取代先前的控制，"这种控制"倡导一种对于私人生活和公共生活各个领域的一切行为都加以管理的控制方式，这种控制方式是极其难以忍受的，但却又得严格地加以执行。"[1]

众所周知，清教徒对秩序和条理有着难以想象的苛求，他们希望一切都能够有理有序系统化地运转。丹尼尔·罗杰斯 (Daniel T. Rogers) 就认为清教徒深入"荒野"的动力不在于宗教热情，而在于他们对这片土地的规范欲。他写到；"他们来到这块土地不是为了掘宝，而是要驯服它，教化它，与盼望能驯服自己内心的蛮荒之地一样。……在美国这块乐土上，他们打造出一个醉心于辛苦工作之地。"正是这种强烈的秩序感和控制欲帮助他们成为清教工作伦理最成功的践行者。

对于秩序和条理的要求，以及由此而来的对日常生活深入细节的管理，在清教世俗化之后仍然发挥着作用。具体表现为富兰克林对人们事无巨细的教诲，其中就包括大量的关于"勤劳节俭和积累财富"的格言谚语。这个时候，清教工作伦理已经脱去了神学的外衣，表现出功利性和实用性的特点。在这个阶段，勤劳工作仍然是美德，财富则是个人成功的象征，懒惰和放纵不再被视为对上帝的亵渎，而被当做个人性格上的缺陷，是对自己和社会不负责任的行为。

19 世纪下半叶，美国进入了以机械化大生产和分工劳动为特征的工业革命的高速发展阶段，工作丧失了曾经的个体性和审美性，沦为流水线上单调重复的机械动作，出现了马克思所说的劳动异化现象。随着美国从自给自足的经济形式向以雇佣为主的经济形式转变，人们从工作中获得的满足感大大减少，对劳动的热情也显著降低。更为糟糕的是，对数量庞大的雇佣工人来说，勤劳节俭不再带来丰厚的回报，勤劳致富似

---

1 〔德〕马克斯·韦伯著，于晓，陈维纲等译：《新教伦理与资本主义精神》，陕西师范大学出版社 2006 年版，第 4 页。

乎只是市面上流行的神话。"工业化动摇了勤劳致富的确定性。……无论工厂里那些默默无闻的半熟练工如何努力，都不可能当上老板或者积攒到财富……，"人们越来越怀疑工作是人生至高境界之一的说法。[1] 工作伦理进入了衰减期。但由于道德力量的惯性作用以及社会达尔文主义对工作伦理的短暂强化，这一转变直到 20 世纪初的进步主义运动时期才真正拉开帷幕。

新政改革之后，进步主义思想得到广泛传播，它崇尚人与人之间的经济平等，相信人的主观能动性对社会的改造，因此要求国家干预，实行国家福利，这种要求在约翰逊的"伟大社会"中达到顶峰。福利国家改善了贫困人口的生活，但也催生了一批身心健康却依赖福利生活的人，这种"不劳而获"的现象对"勤劳节俭、吃苦耐劳"的传统工作伦理造成了严重伤害。70 年代，美国保守主义思想回潮，要求福利改革的呼声越来越高，但福利基本上属于一种"立则不能废，增则不能减"的制度，因此，工作与福利相结合的折中选择成为自尼克松之后历届政府福利改革的基本政策。

总的来看，美国工作伦理观念的演变经历了四个主要阶段。第一个阶段是殖民地初期到 18 世纪中叶"大觉醒"运动结束，这一时期的工作伦理指的是清教工作伦理。第二个阶段是从 18 世纪中叶到内战结束。在这一时期，清教工作伦理完成了去宗教化，确立了以勤劳节俭、克己自律为手段、以追求个人经济成功为目标的工作伦理。本文中的传统工作伦理通常指的是这一阶段的工作伦理。第三个阶段是从内战后到 20 世纪 20 年代。这是传统工作伦理初遇挑战的阶段。第四个阶段是从罗斯福新政到现今。这是传统工作伦理的颠覆期，它以福利国家的确立与发展为标志。

社会在不断发展，个人的思想在不断修正，工作伦理也在不断地变

---

1 Daniel T. Rodgers, *The Work Ethic in Industrial America, 1850-1920* (Chicago: The University of Chicago, 1978), 28-29.

化。美国人从坚信劳动至上、懒惰可耻到如今有一部分身心康健之人坦然接受福利援助，甚至视之为个人的权力仅仅经历了三百多年的时间。可以想见的是，工作伦理的变化仍将继续下去。之所以探讨工作伦理这个话题是因为它可以帮助理解另一个更大、更难以回答的问题：一个物质丰裕的社会究竟该如何面对生在其中的下层阶级？视若无睹，任其自生自灭？这显然已经不符合现代社会的理念。如果施以援手，是不加甄别的广发钱粮？还是提供有限帮助？该以何种形式提供帮助？该以何种心态提供帮助？等等。这些问题看似简单，细究起来却是很难回答，一不小心可能还会陷入社会道德的责难。而国家层面上的福利制度更是牵一发而动全身。作为整个社会财富再分配的一种手段，福利制度的实施可以解决一部分问题，但也可能造成意想不到的后果。国家干预分配，会不会挫伤劳动者的积极性？会不会形成一个食利阶层？如果经济下行，福利无以为继，又当如何？这些问题都需要我们更加深入的思考。

第一章　工作、财富与上帝

清教提倡的工作伦理对美国工作价值观的形成起到了至关重要的作用。清教工作伦理以上帝为中心，工作是上帝交给的任务，财富是荣耀上帝的方式，贫穷则是不可饶恕的罪孽。为了证明自己的选民身份，清教徒努力工作，积累财富，由此形成了以勤劳、节俭和禁欲为核心内容的工作伦理。然而，工作成为衡量个人价值高低和品德好坏的重要因素在西方不过是近几百年的事。在此之前，不论是在古希腊罗马时期，还是在天主教会一统天下的中世纪，工作都没有被赋予美德的涵义，它要么是“不受欢迎的必须”，要么是赎罪和抵御懒惰的方式。直到马丁·路德的出现，这一思想才开始了本质上的转变。真正提出工作伦理的概念并从思想文化的角度加以系统论述的是德国学者马克斯·韦伯，从他以后，对工作伦理的专门研究才从无到有，逐渐兴盛起来。

第一节　为上帝而工作：清教工作伦理概述

1630 年 6 月，以“阿贝拉”号为首的船队驶进了马萨诸塞的塞勒姆湾，船上的近七百名英国乘客无比疲惫，却又异常兴奋，经过两个多月的险象环生的海上旅行，他们终于到达了向往已久的目的地——北美大陆。环境的恶劣和生活的艰苦是意料之中的。虽然寒冷和疾病夺走了部分人的生命，此外还有部分人一待开春就逃回了英国，但是余下的人们坚持了下来，以波士顿为中心建立了殖民地。

比起先期到达北美的“朝圣者”[1](pilgrims)，“阿贝拉”带来的是一群文化程度与社会地位较高、意志坚定的清教信奉者。他们此行的目的十分明确：建立以清教教义为核心的政教合一的“圣城”，为基督教世界树立一个完美的典范，供世人效仿。这些在英国本土郁郁不得志的移民们将清教思想带到北美大陆，在一片荒野中燃起了清教的熊熊烈火。

从历史发展的角度来看，对清教的信奉不仅仅是指对特定教义的顺从和遵守，还有为侍奉上帝而开启新生活的决心，它昭示的是对信徒的性情和行为的全面规范。清教思想更像是一种观念，一种生活哲学，以及一套价值观体系。几百年来，它已超越了宗教的局限，成为打在美利坚民族身上的烙印，人们的文化生活、行为方式与社会思想几乎都能在它身上找到蛛丝马迹。如今在美国颇受提倡的工作伦理也不例外，它的核心价值观来源于几百年前的清教教义，后人称之为“清教工作伦理”(Puritan work ethic)。必须强调的是，清教徒们从未将他们对工作的态度进行过系统性的梳理与总结，然后将其命名为“清教工作伦理”，实际上，他们的观点只是散见于日记、布道词或宗教著作中。虽然清教有关工作的核心观念在社会中长期处于主导地位，但被明确上升到道德伦理的高度，已经是20世纪之后的事了。马克斯·韦伯在《新教伦理与资本主义精神》中，首次提出新教工作伦理的概念，并且将其与资本主义的发端与发展联系起来进行解读。作为新教的一个衍生，清教的主要思想是和新教教义重叠的，因此，清教工作伦理在很大程度上等同于新教工作伦理。

伦理，美德也。也就是说，工作是一种美德。这个在现代人看来毋庸置疑的观念在西方的出现始于16世纪宗教改革，在此之前，工作要么被视为下等人谋生的手段，要么就是痛苦的必须。与土地打交道的

1　此处的“朝圣者”指的是1620年乘坐“五月花”号到达普利茅斯的殖民者。“朝圣者”与清教徒都信奉加尔文主义，但与清教徒不同的是，“朝政者”主张脱离英国国教。这些人文化程度较低，很少与外界接触，对美国历史的实际影响较小。

农民还能受到当权者些许的尊重和笼络，做买卖的商人则是受抨击的对象，因为他们依靠“倒买倒卖”赚得差价，攫取不义之财。为工作正言是马丁·路德在宗教改革中完成的一件大事。他向当时在西欧国家一统天下的天主教发难，否定了备受尊崇的天主教修士的“工作”方式：不事生产，研习《圣经》，终日冥思祷告，同时提出了自己对工作的见解：勤劳工作，努力生产是上帝赋予每个基督徒的神圣责任。他在《论基督徒之自由》（1520）一文就督促信徒们努力工作：“显然，对一个基督徒来说，信仰足够了，……但他并不因此就可以懒惰和懈怠。”[1] 一石激起千层浪，路德的一番见解打破了几千年的坚冰，将曾经不受尊重的工作拉上了神坛，其后，新教的宗教领袖沿着路德的路走下去，最终工作在清教那里获得了史无前例的地位。

新教的基督教背景注定工作从一开始就与上帝脱不了干系。新教工作伦理从根本上说是上帝的诫命，与个人的世俗追求无关。它是上帝对所有人的要求，无关高低贵贱，贫穷富裕，除非身患恶疾，丧失劳动能力，否则失去生命之刻才是停止工作之时。虔诚的新教徒们怀着朝圣般的心情兢兢业业地劳作，在走完世俗之路前，他们不敢有丝毫怠惰。这一点在清教徒身上表现得尤为明显。这些清教徒怀着伟大而崇高的理想来到这片荒野，约翰·温斯罗普 (John Winthrop) 在《基督仁爱之典范》（1630）中的宣言音犹在耳：“我们要建立一座山巅之城，所有人的眼睛都注视着我们。”[2] 他们相信，只要按照上帝在《圣经》中的教诲建立至善至纯的教会，那么在北美这片上帝恩赐的迦南地上，人间伊甸园就可重现，到时全世界的人们都会仰视他们，以他们为榜样。当然，“如果我们在所行的事业中错待了上帝，使得他收回对我们的帮助，那么我们的一切作为就会沦为人们茶余饭后的谈资、敌人口中的笑柄，甚至祸及

1 Roland Bainton, *Here I Stand: A Life of Martin Luther* (New York: Abington Press, 1950), 230-231.

2 John Winthrop, “A Modell of Christian Charity,” in Perry Miller & Thomas H. Johnson, ed. *The Puritans* (New York: Harper Torchbook , 1963), 199.

上帝的行事。……上帝的其他仆人为我们的祝祷也会化为诅咒，直至我们陷入万劫不复之地。”[1] 对一生都在为通过遴选成为上帝选民而努力的清教徒来说，被上帝抛弃的噩运是他们内心最大的恐惧，失去了上帝的认可，他们的生命也就失去了意义。这种恐惧心理在当时的宗教氛围中普遍存在。获得上帝的青睐是最大的动力，同时也是最沉重的负担，希望和恐惧交相撕扯。乔纳森·爱德华兹(Jonathan Edwards)的诅咒布道为信徒们“提供了恐吓想象力的理由”，[2] 姑且不论他口中的“地狱景象”是否加速了清教的没落，单就他以雷霆万钧之势做《愤怒上帝手中的罪人》（1741）的布道后，那撕心裂肺的哭叫，举目可见的苍白面色，以及无数听众的当即皈依，就是恐惧心理达到极致的结果。

成为掉队“羔羊”的恐惧反过来加深了清教徒对上帝的尊崇。他们越是担心被上帝抛弃，就越是渴望找到一条通往天国的康庄大道。基督教宣传的本来就是人类从有罪——认罪——赎罪——得救的过程，它的终极指向是肉体消亡后，精神的永生，人在世间的行为不过是上帝对他到底是该上天堂还是下地狱的考查。现在有罪和认罪的思想都已经深入人心，剩下的就是通过什么方式赎罪，以及是否能够得到救赎的问题了。根据清教教义，“信心乃是惟一之媒介与器皿，使我们藉此接受基督，并在基督里获得‘上帝的义’；因基督之故，此‘信心就算为义’，”[3] 也就是所谓的“因信称义”。“称义”在此处的意思是指“解罪”，即宣告为无罪，正如《罗马书》中所说：“谁能控告神所拣选的人呢？有神称他们为义了。”[4] 但是，人的“称义”并不是自身努力的结果，而是基督用自己的鲜血和生命为人类赎了罪，因此人在本质上并没

1 John Winthrop, “A Modell of Christian Charity,” in Perry Miller & Thomas H. Johnson, ed. *The Puritans* (New York: Harper Torchbook , 1963), 199.

2 〔美〕沃浓·路易·帕灵顿著，陈永国译：《美国思想史：1620—1920》，吉林人民出版 2002 年版，第 143 页。

3 〔德〕马丁·路德，菲利普·梅兰希顿著，逯耘译：《协同书》（第三册），译林出版社 2003 年版，第 16 页。

4 《圣经·新约》和合本，国际圣经协会有限公司 1995 年版，第 277 页。

有改变，仍是有罪的，只不过是上帝因为基督的牺牲称他们为“义”罢了。“称义”的唯一条件就是“信仰”，即对基督的信心，为了实现这一条件，上帝还赐予人信仰的力量。简单地说就是，上帝出于仁爱之心，愿意屈尊与人立约，只要人信仰基督，就被宣为无罪。“因信称义”无疑是信徒的一大福音。现在，问题似乎变得非常简单，只要人们表明信仰，不有意犯罪，不做有悖于信心与良心的恶行就可以了。但是，实际情况远远比想象中复杂。

清教神学的主张是以加尔文主义为核心的，其中最为关键的两个基本理论是原罪论 (Original Sin) 和预定论 (Predestination)。原罪论有两个层面的意思：第一，人生来有罪；第二，应受永世惩罚。同样，预定论也有两层意思：第一，少部分人得享天恩，成为上帝的选民，死后荣升天堂，享受永生的幸福；第二，剩下的人是受诅咒的对象，死后堕入地狱，遭受永远的折磨。原罪论说的是人类的恶，预定论则是体现上帝的善。但是，在获救人群的拣选上，上帝既不看重个人成就的大小，也不考虑个人道德的优劣，完全是根据自己的意愿来决定个人的命运，也就是说，世人眼中的好人有可能下地狱，恶人也有希望进天堂，一个人到底是下地狱还是进天堂，只有上帝才知道。如果有人宣称知道上帝的选择，那无异是挑战上帝的绝对权威，将自己等同于上帝，这个罪名可是不轻。

按照预定论的逻辑推导下去的话，结果将是危险的。个人无从得知自己的命运，也无从影响自己的命运，或者说除了对基督的信仰这一主观前提之外，没有任何外在的客观标准可供参考。再者，获救的毕竟只是少部分人，这意味着大多数所谓的基督徒不过是在自欺欺人，他们压根就没有对基督的真正信仰。评价标准的缺失使信徒在心理上承受了巨大的压力。另一方面，从个人的外在表现来说，干好干坏一个样，干多干少无所谓，上帝在挑选民的时候是没有标准的。虽然随意性体现了上帝的绝对权威，但这更加使人无所适从，说不定有些人反而心存侥幸，放松了对自己的要求。当然，对于加尔文自己来说，是否得救的问题根本不存在，他感到自己就是上帝遴选的代理人，并十分确信将来能够进天堂，但是对于大多数信徒来说，这种自信无从而来。在决定信徒的命运时，这种教义的“非人性”把他们置于一种空前的内心孤独状态，没有人能够帮助他们，牧师不行，圣事不行，教会也不行。他们对“惟一的确定性”问题充满了焦虑：我是不是上帝的选民？我如何确知自己是蒙召者？凭什么标准来确定谁是蒙召者？

解决问题的办法在17世纪中期的清教斗争中形成。首先，信徒必须绝对相信自己的恩宠状态，对它的怀疑被视为受到魔鬼的诱惑。其次，信徒必须过着严谨禁欲的生活，将自己的精力全心全意投入到为上帝服务的“战斗”（清教神学家理查德·西贝斯(Richard Sibbes)称之为“践行责任时的神圣暴力”[1]）中去，通过自身的行为证明自己的信仰，为最终的救赎做好充分准备。也就是说，真正的信仰不仅是发自内心的虔诚和热情，还需要采取积极的行动。清教牧师宣称，上帝愿意与人类立约，如果他们完成了上帝赋予的“圣召”(Calling)，那么上帝就会赐予他们财富，将他们列为恩宠的对象，反之，则是被上帝抛弃的人。通过这么一番解释，神秘莫测的预定论的地位下降了，是否遵守与上帝的契约则成了问题的关键所在，相比之下，后者有着更为客观明确的标准，更加容易为人们所把握。

上帝对信徒的召唤是为“圣召”，它最初指的是中世纪天主教中的修道圣召，即献身教会、远离俗事的僧侣、修女和教士通过读经、祈祷、冥思等活动获得上帝的恩典，实现救赎。后来，新教教义在此基础上进一步扩展了对“圣召”的解释，强调“圣召”具有“笃信”和“践行”双重属性，即不仅要在思想上和精神上信仰上帝，还要通过日常的工作和劳动来侍奉上帝。这与新教对“真正信仰”的理解也是一致的。虽然天主教和新教对“圣召”的解释有所不同，但是否完成“圣召”都

---

1 Francis F. Bremer, *The Puritan Experiment: New England Society from Bradford to Edwards* (Hanover: University Press of New England, 1995), 22.

与信徒将来的获救有着密切的联系。因此，除了睡觉和一些合法的娱乐活动外，真正的基督徒会把毕生的时间都用来履行自己的“圣召”。加尔文本人就是勤勉工作的代表，据说他随时为自己的工作和职责做好准备，甚至规定只能在周日庆祝宗教节日。[1] 英格里斯 · 马瑟 (Increase Mather) 牧师也是个中典范，他把自己一天的睡眠时间规定在七个钟头之内，余下的时间全部奉献给了“圣召”。

在清教教义中，“圣召”是“上帝为了大众的利益制定并安排给个人在世间的一种生活方式”。[2] 它由上帝发出，因此具有绝对的权威性，不可随意更改。同时，它指向全人类的共同福祉，因此不可只谋私利，无视公益。在践行“圣召”的过程中，任何人都必须在上帝规定的范围内勤勉行事，不可偷懒松懈，不可轻忽怠慢。具体来说，“圣召”分为两种，一种是“普通圣召”(General Calling)，另一种是“特殊圣召”(Particular Calling)。“普通圣召”是上帝针对所有教会成员发出的相同召唤，要求他们“成为上帝之子，教会成员以及天国的后嗣”。[3]“特殊圣召”则是上帝赋予世间每个人的具体工作，不论男女老少、贫富贵贱、地位高低，人人皆有自己的特殊圣召。因此，坐等嗟来之食的乞丐和流浪汉们乃是社会毒瘤，仿佛躯体上坏死的四肢；避世而居的僧侣们不事生产，不能创造经济财富，是不光彩的；任意挥霍金钱，沉溺于吃喝玩乐的富人是可鄙的；一味等待吩咐的仆人也是不能被接受的，因为等待就是浪费时间。“特殊圣召”的不同源于上帝给予每个人的天赋不同，至于每个人获得什么样的天赋，以及天赋的多寡则完全由上帝随性而定。此外，人不是生而平等的，他们有高低贵贱之分，一个人的地位

---

1 Paul Bernstein, *American Work Values: Their Origin and Development* (Albany: State University of New York Press, 1997), 54.

2 William Perkins, “A Treatise of the Vocations or Callings of Men,” in Gilbert C. Meilaender, ed. *Working: Its Meaning and Its Limits* (Notre Dame, Indiana: University of Notre Dame Press, 2000), 108.

3 William Perkins, “A Treatise of the Vocations or Callings of Men,” in Gilbert C. Meilaender, ed. *Working: Its Meaning and Its Limits*, 110.

总是高于某人而低于另一人。正是基于每个人不同的天赋和社会地位，才有了各种各样的社会分工。尽管有的工作看起来不那么尽如人意，但是谁敢跟上帝讨价还价呢？人们坚信，上帝安排给他们的工作不一定是最好的，但一定是最适合他们的。如果上帝安排他做一名官员，他不能拒绝，安排他做屠夫，他也得欣然接受，总之，“把世俗的工作视为替基督服务，这样你就能明白，当你听到上帝的召唤去工作时，当你在工作中感受到自己是在为耶稣基督劳动时，实际上你是在用最最卑贱的世俗行为敬畏上帝；但是，它却比你未经上帝召唤，就把所有的时间浪费在冥想、祷告或者其他精神活动上强得多。”[1] 这实际上是告诉信徒，工作的目的不是为了追求个人享乐，满足个人利益，而是通过为社会大众服务来荣耀上帝，因此，不必担心自己的工作过于卑贱或渺小，虽然人的社会地位有高有低，但是他们的“圣召”没有贵贱之分，只要认真努力地做好自己的工作，就有可能得到上帝的奖赏——尽管未必是人世间的功成名就。威廉·珀金斯 (William Perkins) 牧师宽慰那些地位低下、工作普通的人说：“他们用微薄的力量、卑贱的工作侍奉其他人的同时也侍奉了上帝：因此他们的工作在上帝眼中并不卑贱：虽然他们从其他人那儿得到的回报并不丰厚，但是上帝的奖励定然不会匮乏。”[2]

“特殊圣召”的重要性决定了对它的选择必须慎而又慎，一经确定，就不能妄言更改。然而，自从亚当堕落之后，身负罪孽的人类就失去了向善的能力，仅凭他们一己之力是无法胜任“圣召”的，因此，上帝在安排每个人的“特殊圣召”时，会同时赐予他履行“圣召”的天赋，以及对“圣召”的喜爱之情。但是，至于每个人领受到的任务到底是什么，上帝并没有直接言明，需要自己去寻找和体会。清教徒认为，上帝在《圣经》完成之后就不再向世人显灵，所有与他的交流都必须通过《圣经》。

---

1 Thomas Shepard, *Works* (I) (Boston: Doctrinal Tract and Book Society, 1853), 308.

2 Michael H. Lessnoff, *The Spirit of Capitalism and the Protestant Ethic: An Enquiry into the Weber Thesis* (Hants: Edward Elgar Publishing Limited, 1994), 46.

此外，“特殊圣召”必须以不违背“普通圣召”为前提，二者互为补充，缺一不可。如果只关注“特殊圣召”而忽视了“普通圣召”，那么履行“特殊圣召”的行为不仅不能被称为“义”，而且还是对上帝的亵渎；相反，完全沉溺于“普通圣召”的行为也只是徒俱“神形”而无“神性”。约翰·科顿（John Cotton）在名为“基督圣召”的布道文中将二者的关系做了生动的比喻。他认为“特殊圣召”和“普通圣召”好比人的两条腿，如果其中一条断了，或者有缺陷，那么这个人就没法稳稳当当地走正道，而上帝的选民无论如何也不会是一个连路都走不稳的跛子。因此，一个可以称为“义”的“特殊圣召”必须具有以下几个条件：第一，这份工作不仅于己有利，还要符合公共利益，更不可损人利己。“无论何人，不要去求自己的益处，乃要去求别人的益处。”[1]“各人不要单顾自己的事，也要顾别人的事。”[2]第二，这份工作必须是从上帝恩赐的天赋而来，不可忤逆上帝之意，任意择选。“只要照主所分给各人的，和神所召各人的而行。”[3]第三，凡事听从上帝吩咐。只有当工作完成，在上帝召唤之下放下手中活计，才能成为圣子。

经过这么一番解释，我们就不难理解为什么清教徒对中世纪修士的生活给予了猛烈抨击。他们认为，修士们住在几乎与世隔绝的修道院里，每日里除了祷告斋戒，几乎不事生产，没为社会做什么贡献。虽然他们遵奉了“普通圣召”，但却将“特殊圣召”置之脑后，就好比一个人只顾着自己的左腿，殊不知右腿早已病入膏肓，那么即使左腿被照顾得再好，他也不是一个健康的人。同样，并不是所有的谋生手段都能被称为“圣召”，那些于社会无益、对个人有害的行为是要坚决禁止的。例如，清教徒反对任何抽彩得奖活动，因为“尽管这个或那个人可能是赢家，但是人们不禁会困惑：它到底能为当地居民带来什

1 《圣经·新约》和合本，国际圣经协会有限公司1995年版，第303页。

2 《圣经·新约》和合本，第347页。

3 《圣经·新约》和合本，第298页。

么好处或便利呢？”[1]

通过系统地解释“圣召”的概念，清教徒成功地将宗教的责任与人们的日常工作联系起来，将能否得到救赎与工作的完成情况紧密挂钩。珀金斯直截了当地说：“成为上帝选民和获得救赎的希望必须从坚持不懈地履行两种圣召中寻找。”[2] 加尔文要求他的追随者视劳动为上帝的馈赠，是“堕落之善”，如果“圣召”需要人们勤劳节俭，那么它就必须成为人们劳动体系的一部分。[3] 在这种状况下，又有谁敢爱惜力气，浪费时间呢？虽然勤奋工作的要求如同“紧箍咒”一般刺激着清教徒的神经，但是，比起生活在中世纪的先辈来，现今的景况好了许多，最起码获救的机会掌握在自己和上帝的手中，不需要教会插手。

正是出于以上原因，新英格兰的清教徒们大力赞颂勤劳、虔诚等美德。约翰·科顿警告信徒说：“如果你身负‘圣召’而不勤勉对待，那么它会因你缺乏虔诚而沦为僵死的职业。”[4] 科顿的外孙科顿·马瑟 (Cotton Mather) 也是殖民地颇负盛名的牧师，他在《一个身负圣召的基督徒》(1701) 里再次强调了勤劳、审慎、诚实、知足、虔诚等美德的重要性，并用通俗易懂的语言向人们提出了实用的告诫。新英格兰的法律制定者更是不辞辛苦地将禁忌之事罗列出来，并规定出相应的惩罚。纸牌、骰子等游戏是被禁止的，喝醉酒是要受到罚款或当众鞭笞的，不守安息日也要受到警告或罚款。[5]

相较于对勤奋工作的需求与赞美，无所事事 (idleness) 和懒惰 (slothfulness) 首当其冲地受到清教徒的伐管。无所事事和懒惰是两个完

---

1 Edmund S. Morgan, *The Puritan Family: Religion & Domestic Relations in Seventeenth Century New England* (New York: Harper & Row Publishers, 1966), 71.

2 William Perkins, “A Treatise of the Vocations or Callings of Men,” in Ian Breward, ed. *The Work of William Perkins* (Abingdon: Sutton Courtenay Press, 1970), 457.

3 Paul Bernstein, *American Work Values: Their Origin and Development* (Albany: State University of New York Press, 1997), 55.

4 John Cotton, “Christian Calling,” in Perry Miller, ed. *The American Puritans: Their Prose and Poetry* (New York: Doubleday & Company, Inc., 1956), 181.

5 〔美〕纳尔逊·曼弗雷德·布莱克著，许季鸿等译：《美国社会生活与思想史》(上册)，商务印书馆 1994 年版，第 135-136 页。

全不同的概念。在清教教义中，前者是指对“圣召”的不闻不问的态度，即既不崇拜上帝，不按上帝的教诲行事，也没有具体的工作；后者则是指对两种“圣召”的态度不够虔诚，行事拖拉、散漫。一切只为打发时间的娱乐活动，例如打猎、放鹰、掷骰子和玩牌，都是无所事事的行为；放贷、作掮客、拉皮条、甚至给娱乐场所当看门人也属不务正业。清教徒认为，无所事事和懒惰已经不仅仅是个人的罪恶那么简单，而是对社会公共利益和经济发展的破坏，浪费了上帝赐予的宝贵时间，辜负了上帝的信任，因此，人们有责任甄别出这些人，并帮助他们改正恶习。科顿·马瑟在《做好事》（1710）里呼吁信众关注周围的邻居，“如果他们中有无所事事之人，那就尽力治好他们的这个毛病。……为他们找工作；让他们去工作，留住他们做工作，”然后才能向他们提供其他帮助。[1]

对无所事事和懒惰的批评势必导致对犯戒者严厉的惩罚。资料表明，普利茅斯在1639年、1658年和1661-1663年，康涅狄格在1650年和1718年，罗德岛在1702年都分别采用过鞭刑和罚款作为惩罚措施。对于那些无心悔改的无业游民，科顿·马瑟解决问题的方法更加简单——“饿死拉倒”。他认为，对于那些身强体壮却拒绝工作的穷人，最好的教育方法就是“拉出去”干活，而且他还告诫人们千万不能心慈手软，随便施舍。1659年，清教殖民地的领袖托马斯·胡克(Thomas Hooker)在小册子《免罪申请》中建议，懒汉们应该受到当局的监督，免得他们整天东游西逛，不事生产。新泽西对乞丐的惩治措施更加严厉：让他们在右肩戴上红色或蓝色的大写字母P（pauper的首字母），象征“乞丐”。这样，一些人为了保留起码的尊严就会选择工作。[2]

事实上，在殖民地初期，除了八岁以下的儿童和老弱病残可以免于劳作之外，其余的人都必须工作。八岁以下的儿童之所以能够不用劳动

---

1 Cotton Mather, *Essays to Do Good* (Boston: Lincoln & Edmands, 1808), 64.

2 Paul Bernstein, *American Work Values: Their Origin and Development* (Albany: State University of New York Press, 1997), 136-137.

是因为他们的“身体还很娇弱，没有力气干活，而且思想不够成熟，考虑问题尚还肤浅，……就算头七年尽只顾着玩耍，上帝也不会过多苛责。”[1]然而，约翰·诺顿(John Norton)牧师的警告——“年少时的游手好闲是一辈子治愈不了的伤疤”[2]——让人们不敢放松警惕。本杰明·沃兹沃斯(Benjamin Wadsworth)牧师在《良序家庭》(1712)中也赞同孩子可以有玩耍的时间，但他更强调勤劳的重要性——“只知在街头玩耍而几乎什么都不做是大恶，是羞耻，特别是那些已经差不多能够自食其力的孩子。”[3]约翰·科顿牧师专门为儿童编写了识字读本《新英格兰启蒙书》，通过儿歌和《圣经》问答的方式向孩子们灌输教义，其中就包括对懒惰的批评和对工作的赞美。“……日子宝贵，不可在无聊故事和愚蠢游戏上浪费，我得把主记在心，小手爱上做事情。”在《圣经》问答中，提问者利用对十诫中第四诫的问答，告诉儿童“不可躲避或怠慢自己的工作”。[4]《新英格兰启蒙书》是殖民地第一本儿童识字书，自其出版以来，多次再版，一直到18世纪末都是影响力最大的儿童启蒙教材。毫不夸张地说，殖民地的儿童就是在诵读《启蒙书》中长大成人的。

一些父母担心孩子误入歧途，虚度光阴，除了让孩子参与日常的家务劳动之外，还很早就开始给男孩子物色合适的职业，让他们具备日后谋生的本领，例如送他们去做学徒，这在穷人家庭中尤为普遍。如果是子承父业，那么孩子很小就跟随父亲学习本行业的入门知识；如果孩子志不在此，或者在其他方面颇有天赋，则会另寻他人拜师学艺，待七年学徒期满才能够出师自立。因此，男孩子通常在十来岁就得决定自己的“圣召”。在当时的社会状况下，除了极少数孩子有幸进入大学深造，推

1 Edmund S. Morgan, *The Puritan Family: Religion & Domestic Relations in Seventeenth Century New England* (New York: Harper & Row Publishers, 1966), 66.

2 Edmund S. Morgan, *The Puritan Family: Religion & Domestic Relations in Seventeenth Century New England*, 66.

3 Benjamin Wadsworth, *The Well-Ordered Family* (Boston: 1712), 47.

4 John Cotton, *New England Primer* (Boston: printed by Edward Draper at his printing office, 1777)(作者注：本书没有页码)

迟择业之外，绝大多数孩子都早早开始了自己的职业生涯。一些殖民地甚至有法律明文规定，父亲必须保证自己的孩子有一份于己有利、于社会有益的诚实、合法的手艺或职业。[1]如果儿童的父母双亡或者因为个人的懒惰而疏于管教孩子，那么地方政府则需承担此责，例如将儿童送到其他更加合适的家庭，由他们代为教育抚养。可见，在殖民地，对儿童的世俗教导和宗教教诲保持了同步，儿童从小就从行为和思想上接受了认真工作和反对懒惰的训练。

在年幼时就对儿童进行成人教育的思想在美国持续了很长一段时间，从殖民时期开始到十九世纪为止。那时，童年还没有被视为人生的特殊阶段，儿童往往被当作身量较小的成年人来对待。与生俱来的原罪使他们更加倾向于听凭本能行事，缺乏对恶的抵抗力，因此容易染上包括懒惰在内的很多恶习。但是，上帝也赋予了人类理性思考的能力，如果教育得当，人们是可以用理性控制自己恶的本性的。人们相信，从小接受理性教育的孩子会具备良好的性格，“大胆一点说，会被培养成神一般的造物。”[2]在这种宗教观念的影响下，为了确保孩子们成为勤劳、正直和高尚的人，对他们再怎么严加管束都不算过分了。

清教徒们对勤奋工作的肯定是毋庸置疑的，但是，到底多勤奋才算是勤奋呢？从早到晚忙于工作的人固然是很勤奋，那么用较短的时间获得相同收益的人算不算是勤奋的呢？工作努力的标准到底是以时间长短来计算，还是按效率高低来衡量呢？在这一点上，清教徒有了较之以往最大的突破，那就是彻底颠覆了对物质财富的态度，用可以量化的物质财富的多寡来判定获得上帝宠爱的可能性的大小。

到底应该如何看待财富是人类历史上的一大难题，恨者有之，爱者有之，亦恨亦爱者亦不乏少数。恨其者往往痛诉它为魔鬼，诱人堕

---

1 Edmund S. Morgan, *The Puritan Family: Religion & Domestic Relations in Seventeenth Century New England* (New York: Harper & Row Publishers, 1966), 66.

2 Margo Todd, *Christian Humanism and the Puritan Social Order* (Cambridge: Cambridge University Press, 1987), 31.

落；爱其者看重它能助人提高社会地位，过上有钱又有闲的生活。清教徒对财富的态度虽然没有这么世俗，但是也难逃这种矛盾的困惑。一方面，他们强调财富恶的一面，因为追逐财富必然会导致贪婪，而贪婪则在七宗罪之列。《圣经》中反复出现的警告也起到了阻止追求财富的作用。“你们不能又侍奉神，又侍奉玛门。”“贪财是万恶之根。”“那些想要发财的人，就陷在迷惑、落在网罗和许多无知有害的私欲里，叫人沉在败坏和灭亡中。”[1]就算财富是合法所得，它的存在也会让人心生懒惰，追求美食华服，进而放松了对上帝的崇拜。另一方面，他们又提出适度地攫取财富并不违背上帝之意。珀金斯在明确指出“圣召”的最终指向不是敛财而是侍奉上帝之后，接着又说，“我们必须在圣召中努力工作，养家糊口。……人应该以一颗善良的心来追求所需之物，……但是不能超过生活必需之物，如果他这样做，他就有罪……”[2]即适度地获取财富是合理的，过度的攫取则需抵制。

从珀金斯的话里可以看出，合理地获取财富必须具备四个条件：方式正确（必须在“圣召”的范围内行事），方法得当（用诚实的手段），范围合理（必需品），目的高尚（荣耀上帝）。其中，对清教徒来说最重要，也是最值得花力气的是第四个条件，他们也乐于将它发挥到极致。如果说珀金斯对财富的态度还仅仅是“允许”的话，更为激进的清教牧师已经开始“鼓励”信徒大量攫取财富。理查德·巴克斯特 (Richard Baxter) 相信，在上帝已经给某人指明一个可以获利更多的工作时，他却拒绝接受，转而选择另一个获利较少的工作，那么他就违反了上帝赐予的“圣召”，不愿做上帝的仆人。一份职业是否有用，是否合乎道德标准，“必须根据它为社会提供的财富的多寡来衡量，”[3]也就是说，从工作中获利恰恰是上帝对他们工作的肯定，财富就是上帝赐福的明证。约

1 《圣经·新约》和合本，国际圣经协会有限公司1995年版，第11、371、371页。

2 Michael H. Lessnoff, *The Spirit of Capitalism and the Protestant Ethic: An Enquiry into the Weber Thesis* (Hants: Edward Elgar Publishing Limited, 1994), 51.

3 〔德〕马克斯·韦伯著，于晓，陈维纲等译：《新教伦理与资本主义精神》，陕西师范大学出版社2006年版，第93页。

翰·科顿也认为，真正的基督徒“不会错失获利的良机——为此他会勤勤恳恳地对待圣召”。“合法取得财富，合理利用财富”的人可以取悦上帝，上帝也很可能赐予他精神财富。[1]

由此可见，清教教义开始将财富的多寡与获救可能性的大小联系起来了。对于这种联系，很多清教徒是乐于接受的。首先，它将获救的可能性进行了量化——财富多，可能性大；财富少或没有，可能性小。这样一来，信徒的目标则十分明确：在方式和方法都正确的前提下，尽可能的积攒财富。看到财富越积越多，他们的安全感也越来越大。其次，在殖民地初期，所谓的极富与赤贫阶级几乎难觅踪迹，大部分人都可以归类为中产阶级。移民基本上都是在一穷二白的艰苦环境中白手起家，又都信奉同样的教义，在几乎相同的内外环境的作用下，通过努力工作得到的回报也都差不多。因此，从这个角度来说，他们心理承受的压力并不是很大，甚至可以说，正是他们充当了卫道士的角色。当某个社会的大多数人都持有相同的信念时，这个信念就会成为社会的常态固定下来，不会轻易改变。

清教徒们竭尽全力积攒财富主要有两个方面的原因。第一，从主观上说，获救的愿望使得信徒们不愿浪费一点一滴，他们勤俭节约，攒下每一分可以攒下的钱，以便增大自己获救的可能性。第二，从客观上讲，清教教义不支持财富的积累者独享财富的权利。所有的金钱都属于上帝，他们不过有幸受上帝之托，管理这部分财物，因此，他们必须小心谨慎地利用每一分钱，断不可从中盗取点滴用于个人的享乐，否则便是辜负了上帝对自己的信任，必将受到惩罚。温斯罗普指出，清教徒要在北美建立的是一个以共同信仰为基础、由爱紧密结合在一起的、政教合一的共同体，在这种情况下，“公共的利益必须高于私人的利益。我们的良心和政策都要求我们为公益服务。毋庸赘言，没有公众的福利，

1 Michael H. Lessnoff, *The Spirit of Capitalism and the Protestant Ethic: An Enquiry into the Weber Thesis* (Hants: Edward Elgar Publishing Limited, 1994), 57.

私人的产业无由维系。”[1] 由此可见，清教徒的财富是随时要用来为共同体谋福利的。如果有人用这些财富来追逐声色之乐，或心存私念为自己和子孙后代聚敛财物，那么，上帝一定会勃然大怒，对他进行报复。正如马克斯·韦伯所说，“人只是受托管理着上帝恩赐给他的财产，他必须像寓言中的仆人那样，对托管给他的每一个便士都有所交待。因此，仅仅为了个人自己的享受而不是为了上帝的荣耀而花费这笔财产的任何一部分至少也是非常危险的。……财产越多，为了上帝的荣耀保住这笔财产并竭尽全力增加之的这种责任感就越是沉重。”[2] 总之，清教徒必须时刻铭记的是，“要以财富尊荣他（上帝）”，[3] 同时不可垂涎上帝之物，因为“神保留宝器财物为己有，他称财富是他的金银”。[4]

清教教义赐予人们坚忍不拔的勇气来对抗外部物质世界的诱惑，促使人们以无比坚定的信念勤奋工作，积累财富。然而，个人财富的日益增多势必引起一些教徒的怀疑，甚至焦虑。即便清教从根本上支持并且鼓励财富的累积，对商贸活动也较之以往更加宽容，将其视为社会发展的必然，但它的宗教背景也免不了要求牧师们时时提醒教民牢记上帝，以防误入魔鬼布下的陷阱。著名的传道者约翰·哈钦森 (John Hutchinson) 在 1663 年 5 月召开的马萨诸塞大议会上布道时呼吁民众谨守教义，“我的父兄同胞们，永远不要忘记，新英格兰原本是一处宗教之地，而非贸易之所。”[5] 对金钱的恐惧使得牧师们将矛头直接指向财富的主要持有者——商人。他们抨击商人在物品短缺时趁机提价的行为，就连以虔诚著称的波士顿商人罗伯特·凯恩 (Robert Keayne) 也因对自己经营的必需品要价过高而受到世俗和宗教法庭的审判。

---

1 钱满素：《我有一个梦想》，中国社会科学出版社 1993 年版，第 4 页。

2 〔德〕马克斯·韦伯著，于晓，陈维纲等译：《新教伦理与资本主义精神》，陕西师范大学出版社 2006 年版，第 98 页。

3 钱满素：《我有一个梦想》，中国社会科学出版社 1993 年版，第 2 页。

4 钱满素：《我有一个梦想》，第 2 页。

5 Stuart W. Bruchey, *The Colonial Merchant: Sources and Readings* (New York: Harcourt, Brace & World, 1966), 112.

清教徒罗伯特·凯恩于1635年从英国移居波士顿，是当时殖民地有名的富商之一。1639年，他被告上法庭，罪名是他在售卖钉子时要价过高（价格应为6便士，而他要价8便士）。总督约翰·温斯罗普也撰文指责凯恩贪图利润，货品售价过高。最终，他被判罚200英镑的罚款，后减为100英镑。但是此事并没有就此了结。不久，波士顿第一教堂以相同罪名对他提起宗教审判，凯恩承认了自己的恶行，恳求宽恕。尽管凯恩保住了自己教会成员的身份，但他也受到了严厉的批评，并被作为反面例子警告其他商人。凯恩一生中受到过多次类似的指控，因此，他在同时代人的眼中并不是一个受人尊敬的商人，而是一个酒鬼，吝啬鬼和骗子。临终前，他将大部分遗产捐出用于慈善事业，并不无委屈地在遗嘱中写道："我一生勤勉，既没有偷懒，无所事事，也没有浪费时间，毫无收获，或者把时间花在了管理公司上。那些动不动就指责我的人是在中伤诽谤我。"[1]

约翰·科顿甚至专门针对凯恩事件写了一篇名为《商业规则》（1639）的布道文，规定合理的商品定价。他在文中指出，商人对物品定价不得超过教育良好的买主的出价，且无论买主是谁，商人的要价不得超过定价。如果某个商人因自己的错误决定而在一单生意上亏了本，他不得通过提高其他物品价格的方式来弥补已经蒙受的经济损失。如果他的货物不幸沉入大海，他也不得提价，因为这是上帝的旨意；但如果物品稀缺，则可以提价，因为这同样是上帝的意志。

由此可见，在当时的宗教氛围中，虽然清教对金钱的认知出现了前所未有的宽容，但同时也保持着极高的警惕。人们对金钱超乎寻常的关注，或者利用不道德的手段攫取金钱的行为都是需要严加防范的。

与赞美财富相对应的就是鄙视贫穷。清教徒将穷人分为两类：值得帮助的穷人和身强体壮的乞丐。前者往往是年老体衰、身患疾病或残疾

1 Robert Keayne, "The Last Will and Testament of Robert Keayne," http://www.hks.harvard.edu/fs/phall/05.%20Keayne.pdf, accessed on 16 December, 2015.

之人，工作对于他们来说非是不愿而是不能，因此对他们的帮助是慈悲之心和善意的表现。相反，在重视勤劳致富的清教徒的眼中，后者的贫穷则完全出于个人的懒惰，是咎由自取。他们相信，上帝决不会让自己的选民穷困潦倒，因此，穷人一定是被上帝抛弃的人。一些极为严苛的清教徒甚至认为所有的穷人都是魔鬼的使徒，他们假装食不果腹或身患疾病来博人同情，以此榨取勤劳之人的财富，这些人就应该被送到工厂里，通过劳动来纠正他们的恶习。如果向勤劳的人征税来帮助穷人的话，那势必减少勤劳之人的劳动所得，同时还会助长歪风邪气。

路德和加尔文都对懒惰和依靠他人生活的行为进行过批评。路德鄙视因懒惰而穷困潦倒的人，认为要么强制他们劳动，要么干脆将他们流放。在《论基督教徒之自由》一文中，路德明确否认失业的可能——“因此，一个人不可能一生蹉跎，找不到可以帮助邻人的工作。”[1] 加尔文则宣称，“再也没有比那些一事无成的懒鬼们更可耻的人了。他们对自己和他人毫无帮助，好像生来就只知道吃喝。”[2] 加尔文主义者认为，尘世就是一个大工厂，世人都是在工厂中辛勤劳动的工人，如果有人不遵守劳动纪律，就会落得驱逐出厂的下场。在当时的英国，几乎没有人会将失业和 16 世纪的人口剧增或圈地运动联系起来，穷困就是个人的懒惰造成的，它恰恰是失德的明证。

除了值得帮助的穷人，那些身强体壮的乞丐不仅遭人唾弃，而且还要受到惩罚。起初各个殖民在教区内部建立济贫院，贫民工厂，或者感化院，把无业人员送到里面接受劳动改造和宗教洗礼，从身体上和精神上对他们进行再教育。后来，这种方法得到普及，到了 18 世纪 30 年代，几乎每个大西洋沿岸的港口城市都建立了济贫院。这也是美国社会保障制度的雏形。为了减少不断增加的穷困人口造成的济贫压力，一些

1 Martin Luther, “The Freedom of A Christian,” http://www.spucc.org/sites/default/files/Luther%20Freedom.pdf, accessed on 16 December 2015.

2 Paul Bernstein, *American Work Values: Their Origin and Development* (Albany: State University of New York Press, 1997), 82.

地方开始驱逐流浪汉，或者把这些人送到工厂劳动，强制他们自给自足。例如波士顿早在1685年就曾将罪犯和穷人集中到工厂劳动。1736年纽约也不堪济贫的经济压力，建立了第一座贫民工厂。[1]虽然人们本着基督仁爱之精神时常给予穷人救助，但是从根本上说，对于不愿“自助”的人群，歧视是免不了的，这一点在之后的两百年一直是美国社会的主流价值取向。

当然，对穷人的鄙视并不是清教徒的新发明，可以说，自从有了贫富分化，富人对穷人就有一种天生的优越感。但是，将贫穷与罪恶和堕落联系起来，从精神上打击穷人，从法律上惩治穷人的做法却是由清教徒发展到了高峰。中世纪时期的穷人是社会的自然现象，是上帝留给世人表现仁慈与爱心的绝佳良机，从某种程度上来说，他们是社会的“善”，而不是“恶”。穷人的地位之所以一落千丈，归根到底还是新教工作伦理的出现和不断加强，当工作成为美德，财富变为“天恩”，懒惰、奢侈和贫穷自然再无立锥之地。穷人的“地狱”是劳动者的“天堂”，打开这扇天堂之门的则是宗教改革的发起者——马丁·路德。

第二节　教会的角色：工作概念回溯

1530年8月的一天，马丁·路德写信给年幼的儿子汉斯，督促他“努力干活，虔诚祷告，做个好孩子”。[2]对一个年仅四岁的孩子来说，这样的要求未免有些过于苛刻，但是，如果这话从曾是奥古斯丁修士[3]的路德口中说出，倒也没什么可奇怪的。在如何对待工作这个问题上，圣

1 Paul Bernstein, *American Work Values: Their Origin and Development*,(Albany: State University of New York Press, 1997), 139.

2 Roland Bainton, *Here I Stand: A life of Martin Luther* (New York: Abington Press, 1950), 303.

3 路德修道的爱尔福特修道院继承了奥古斯丁派修道院的传统，遵守较为严格的禁欲苦修的原则。

奥古斯丁 (St. Augustus) 可以说是早期教会的权威人士，他视工作为个人的责任，盛赞劳动在完善个人道德方面发挥的作用。虽然他认为传播福音从本质上来说比体力劳动高尚得多，但同时也明确指出体力劳动和宗教冥思二者的不可或缺性。作为奥古斯丁的信徒，路德毫无意外地接受了关于工作必要性的论断，并且像他的精神导师一样，时不时警告一下那些只顾着追求精神升华，却忽视了体力劳动的懒人。在对待财富的问题上，路德也与奥古斯丁保持了一致，认为工作不是为了敛财，而是为了帮助有需要的穷人，因此，超过基本生活所需的财富都应当被无偿捐献出来。总结起来，工作对路德来说起码有三个方面的意义：忏悔的方式，对抗懒惰的手段以及向穷人布施的经济基础。

乍看之下，路德不过是新瓶装老酒，借用前人主张而已。事实上，除了奥古斯丁之外，圣本笃 (St. Benedict) 和他开创的修道院制度也曾帮助提升了工作的地位。出生于公元 480 年的圣本笃家境优渥，衣食无忧，长大后不满罗马的腐败和堕落，受到东方苦行僧生活方式的影响，只身独居于一个陡峭山岩的洞穴内，与世隔绝修行三年。他修行的声誉传到周围地区，吸引了众多追随者前来依附。520 年他和追随者们在罗马附近建立了欧洲第一个修道院，并制定了著名的《本笃规则》。此后，凡沿用《本笃规则》建立的修道院都被称为本笃修道院，这一传统一直延续到 12 世纪。在本笃修道院，修士要宣誓绝财、绝色和绝意，每天除了从事一定的农业生产和手工劳动之外，就是祈祷、冥思和学习宗教课程。《本笃规则》对修士的时间做出了极其严格的规定，它不仅细化到每日劳动、祈祷、读书、用餐、午休和冥思的具体时间，甚至还根据季节的交替更改作息时间表。圣本笃认为懒惰是灵魂最大的敌人，同时他也认识到正常人无法把睡眠之外的所有时间和精力都投入到读经和祈祷上，因此工作就成为解决问题的最佳选择。修士们要么在田间劳作，要么有特殊的手工技艺，总之是人人各司其职。虽然圣本笃摆脱不了奥古斯丁对他的影响，依然认为工作本身不具任何价值，工作仅仅是为了向上帝忏悔和获得灵魂的净化，但是修士自贬身份投身于体力劳动之中不得不说是对劳动地位的提升。对于这一点，法国著名历史学家雅克·勒高夫 (Jacques Le Goff) 的评价非常精辟：

> ……修道院劳动的意义首先就是忏悔赎罪。因为体力劳动与堕落、神咒和忏悔密切相关，所以作为最杰出的职业忏悔者，修士们必须通过劳动的方式竖立起禁欲生活的榜样。但是，姑且不论修士们从事劳动的真正目的是什么，单就作为基督教完美象征的修士参加劳动这一简单事实来看，劳动就获得了社会上和精神上的双重地位。[1]

但是，如果就此认为工作的地位得到了社会的广泛认可，却是言之过早，事实上，直到 12 世纪，关于避世的修士生活方式和积极入世的生活方式二者孰优孰劣的争论才刚刚拉开帷幕。以商人和手工业者为代表的新兴有产阶级迫切希望从宗教上为自己的劳动行为正言，借此提高社会地位。相较于早期“工作的圣者”，“圣洁的劳动者”这个头衔对他们来说更加有吸引力。然而，事与愿违，新兴的有产者在争论中失败了。随着教皇制的兴起，越来越多的修道士成为教士，他们脱离了原先工作与修行并举的生活方式，转而专心于侍奉上帝，工作就由俗世的“弟兄”完成，如此一来，精神生活重新获得至高无上的地位，这一点在当时社会等级的划分上体现得尤为明显。法国著名中世纪史专家乔治·杜比 (George Duby) 在 1980 年发表的《三个等级》一书中将中世纪早期的社会分为三个等级：教士、贵族和农民，其中，有别于底层的农民，教士和贵族无需工作——“教士为人祈祷，骑士御敌和获得荣耀，农民则把食物从土里刨。”[2] 后来，随着城镇的不断发展壮大，出现了新的社会阶层——商人，这时，社会等级重新划分为教士、骑士和商人三

---

1 Herbert Applebaum, *The Concept of Work: Ancient, Medieval, and Modern* (Albany: State University of New York Press, 1992), 200.

2 Herbert Applebaum, *The Concept of Work: Ancient, Medieval, and Modern*, 251.

个等级。此外，还有其他划分方法，例如，修士和教士、骑士、城市居民（商人，手工业者和娱乐人士）和农民；骑士、教士和农民；教士、骑士和农民。然而，无论怎么划分，万变不离其宗，属于统治阶级的始终是无需工作的教士和贵族，而农民则不得不依靠体力劳动生活。

对体力劳动者的轻视自古有之，可以说是一个历史遗留问题。在讲述远古历史故事的《荷马史诗》里，劳动是所有人的责任，无分男女，无论贵贱，例如，非阿克斯人的公主和侍女们一起去河边洗衣，特洛伊的二王子帕里斯是个牧羊人，身为国王的尤利西斯也得下地干活。在荷马时代，工作是生活中必不可少的一部分，上至贵族，下至百姓，包括妇女，都自觉自愿地劳动。姑且不谈《荷马史诗》的真实性仍有待考证，即便真如荷马记述的那样全民劳动，那也是当时社会生产力不发达，人口稀少所致。随着家庭人口的增多，土地的划分，城邦的扩大以及商品交换的出现，一部分掌握了大量生产资料的贵族脱离了生产劳动，逐渐形成了“治人”的统治阶级。这部分贵族无需在田间劳作，也不必为生计发愁，他们有足够的空余时间接受教育，著书立说，钻研治国安邦之道，因此逐渐形成了重仕农轻工商的社会风气。在有闲阶级眼中，没受过教育的工匠们甚至缺乏足够的知识和修养来欣赏自己的作品。在柏拉图看来，“万般皆下品，唯有读书高”，只有有钱、有闲并且接受过教育的读书人才可以成为社会的统治阶级。理想的社会是人人各司其职，不当多面手，比方说，手工匠人就不适合做一名政府的管理人员，因为日复一日的刻板劳动不仅损害了他的身体，更加摧毁了他的心智，使其丧失了进入管理层的资格。除了社会地位的低下，手工匠人在财富的多寡上也受到限制，不允许出现极贫或极富的状况，因为二者对匠人的身心构成极大的威胁：富裕的匠人可能不再专心工作，无所事事；贫穷的匠人则可能食不果腹，哪里还有余钱购买合适的工具，哪里还有精力做出精美的器皿。或者说，这些没有接受过教育的下层民众不知如何抵御财富和贫穷带来的危害，既然他们可能控制不了由财富带来的“心魔”，那么不如请有知识、有理性、有闲暇的人代为管理。[1]如此一来，手工业者不仅在政治上失去了发言权，在经济上也受到了钳制。

相比手工业者的境遇，古希腊的农民则受到一定的尊重。首先，古希腊的农民与现代意义上的农民不同，除了在经济上，他们不必遭受任何其他形式的剥削和控制，不用接受强制劳动，也不缴纳高额的赋税，但是他们有一个神圣的使命，就是在需要的时候拿起武器保卫城池。每当战争开始，农民就成为士兵，离家征战，战争结束后，他们又返回家园，恢复农民的身份。这也解释了为什么当时的战争一般不会太长，是为了避免土地长期无人耕种而荒芜。其次，为自己还是为他人工作在当时有着本质的区别。一个人能在自己的土地上用双手勤恳劳作，那是无比光荣的事情，而受雇于人的无地自由民或奴隶则要受到歧视。剑桥大学教授威廉·埃默顿·西特兰德 (William Emerton Heitland) 在《农民》一书中对农业的重要性做出了充分的说明：“从社会角度来看，农业长期以来被认为是高于其他以体力劳动为基础的职业的。……农业是自由的公民才能从事的行业，对土地的占有就意味着他们的忠实可靠。……希腊哲学家对农民们在社会、道德以及政治方面的美德印象颇深。”[2]他接着从三个方面解释了农民阶级在古希腊受称赞的原因：第一，粮食耕种关系民生，因此值得尊重；第二，勇敢的农民就是优秀的士兵，长期的田间劳作锻炼了他们的作战能力；第三，生活和劳动都被束缚在土地上的农民是一个严守本分、相对稳定的阶级。“农民是‘安全’的公民，是保持社会开明和稳定的中坚力量。……这几乎成为希腊政治理论中的常识。”[3]

然而，农民的特殊地位并没有帮助他们获准进入统治阶级。即便农民是好公民，好士兵，但是柏拉图仍然毫不留情地将他们逐出了他的理

1 Herbert Applebaum, *The Concept of Work: Ancient, Medieval, and Modern* (Albany: State University of New York Press, 1992), 60-63.

2 Herbert Applebaum, *The Concept of Work: Ancient, Medieval, and Modern*, 39.

3 Herbert Applebaum, *The Concept of Work: Ancient, Medieval, and Modern*, 39.

想国。究其原因，不外乎以下几种：第一，尽管农民提供的粮食是城邦存在的基础，但是同手工匠人一样，他们没有接受过管理城邦所必需的教育，每日的辛苦工作也使得他们没有闲暇来接受这样的教育；第二，只有农民的辛苦才能将统治阶级从体力劳动中解放出来，专心于政治研究；第三，即前文提到的柏拉图认为一个人只能精通某个方面，也就是说农民在种地方面是能手，那么就不可能在管理城邦方面有什么能力。如此看来，虽然农民的地位高于手工匠人，但因为从事的依然是毁人心智的体力劳动，所以最终也未能逃脱受歧视的命运。柏拉图在《理想国》中毫不客气的发问，如果士兵"逃离了军队或者扔掉了手中的武器，或者因为胆怯而做了不该做的事，那么他难道不是必须被贬为手工匠人或是农民吗？"[1]他的答案——很可能是。

在柏拉图之后，亚里士多德也提出了自己对工作的看法。同柏拉图一样，亚里士多德推崇哲学、政治、音乐以及冥思等，而这些需要教育和练习才能有所成就，因此只适合于有闲阶级。除此之外，最值得做的莫过于农民和牧人了。亚里士多德同样认为技术类的工作有害身心，重复的机械劳动除了能使技术日臻完美之外，别无益处，因此手工匠人不适合管理城邦。再者，他倡导适度的体育锻炼，用健康的体魄匹配高尚的灵魂，而无论是农民还是工匠都缺乏这方面的训练，每天只是重复劳动，落得背弓腰弯。最后，他反对为了"需求"而工作。"为了工作而刻苦努力只不过是满足需求的手段而已，"[2]没人可以一边受制于某种需求，同时又能真正获得自由。

其实，无论是对手工匠人的怀疑，还是对农民的不信任，归根结底就是对体力劳动者的歧视——他们只不过是一群头脑简单，四肢发达的劳力者，劳心的事情还是交给有时间有思想的人去做吧。在人类依靠体力劳动逐渐完成从动物向人转化的几千几万年后，体力劳动者被摘去了

---

1 Herbert Applebaum, *The Concept of Work: Ancient, Medieval, and Modern*, (Albany: State University of New York Press, 1992), 62

2 Herbert Applebaum, *The Concept of Work: Ancient, Medieval, and Modern*, 67.

冠冕，戴在了身穿长袍的冥思者的头上，自己却只能在亚里士多德的典范社会中沦为奴仆，承担一切体力劳动，以便让那些有公民身份的人彻底摆脱体力劳动，专心于政治、哲学和军事等方面的研究。亚里士多德的设计无疑是完美的，也让人心向往之——一部分人无怨无悔地辛苦工作，另一部分人全心全意为治国安邦费神操劳，就连《乌托邦》也提不出更好的建议，但是通往理想社会的障碍也是老生常谈，谁用手，谁用脑，聪明智慧如亚里士多德也无法解决这个问题。

古罗马的崛起并没有给体力劳动者带来什么福音，继承了古希腊神话体系的罗马人同样继承了古希腊人对工作的态度。从土地中谋食和获得财富的人最光荣，经商放贷的人和从其中牟利获得的财富最令人鄙视。当然，如果是没钱的穷人，无论是农民也好，还是手工匠人也罢，一律列为不受欢迎的人，如果非要在这些人中排个座次，那么还是农民居首，手工匠人次之，奴隶和雇工最末。

从事经商和放贷的生意人作为一个整体开始受到歧视。在古希腊时期，由于生产力的落后和人口的稀少，人们基本上还是以自给自足的农业经济为主，产品交换并不发达，因此，商人还没有形成气候。到了古罗马，随着疆域的扩大，人口的增多以及生产力的发展，行业种类开始丰富起来，除了传统的农业之外，出现了小规模的手工工场和从事商品交换的中间商。这些商人负责把物品从生产者手中送到需要的人那里，从中赚取差价。在商品买卖的过程中，商品的价值和使用价值一分未增，一分未减，而商人却凭空提高价格，获取利润，这无异于欺诈，乃骗子所为。再说放高利贷者，每日闲坐家中，不事生产，只等窘困之人上门求助，他们便好趁火打劫，向借款之人收取高额利息，谋取暴利，这实在是小人行径。因此，无论这些人财富几多，依然为人所不耻。

从总体上对古罗马人的工作观进行介绍的权威之作莫过于西塞罗的《论义务》。这部西塞罗的得意之作被誉为罗马法的灵魂之一，是弗雷德里克大帝口中关于道德的最好篇章。西塞罗在书中第一卷第四十二节详细叙述了他对工作的看法，而作为当时的社会显贵、杰出的思想家、政治家、雄辩家和作家，他的观点在上层阶级中必定具有代表性和普遍性。

> 关于职业和谋利，其中有些是适宜于自由人的，有些是卑贱的，我们接受的差不多是这样一些遗训。首先那些会引起人们憎恶的收入是不值得称赞的，如收税人的收入，高利贷者的收入。各种雇工的收入也是与自由人不相称的，卑贱的，因为被购买的是他们的劳动，而不是技艺。要知道，在这些情况下，付款本身是对奴隶性服务的报酬。那些向商人购买货物又随即出卖的人也应该被认为是可鄙的，因为他们若不进行欺骗，便不可能有任何获利。要知道，没有什么比撒谎更可耻。一切工匠从事的也是卑贱的职业，因为作坊不可能拥有任何高尚的才能。最不该受称赞的是那些为享乐服务的行业……——鱼贩、屠户、厨师、家禽商、渔夫。……至于那些包含较高智慧的职业或者那些可以带来不小利益的职业，如医术、建筑术、教育从事高尚事业，它们对于身份地位相称的人是合适的。……在一切可以获得一定收入的事业中，没有什么比农业更美好、更有利，没有什么比农业对自由人更合适。[1]

从西塞罗的叙述中可以总结出三个主要观点：第一，尊重农业（包括放牧和耕田种地）；第二，鄙视商业、贸易和制造业。第三，反对享乐，为此，必须戒除对钱财的贪欲，抵制敛财。再加上他推崇战争和政治，总的来说，西塞罗是继承发扬了先辈的主要思想，而这种思想又持续了整个罗马时期。

基督教及其教义的兴起使情况有了转机。作为从古代向中世纪过渡的桥梁，基督教思想几乎统治了整个中世纪，无论在政治上还是在精神上，教会取代帝国成为最重要的团结力量。相对应的，基督教教义对工

---

1 〔古罗马〕西塞罗著，王焕生译：《论义务》，中国政法大学出版社 1999 年版，第 143、145 页。

作的态度也得到了重视。《旧约·创世纪》开篇即述说上帝开天辟地、创造人类的故事，这无疑是新鲜和不可想象的。作为至高无上的主宰，上帝居然也要劳动创造世界，这可是闻所未闻，就算神话故事里的一些神人参与了劳动，但是端坐于奥林匹亚山上的宙斯却是十指不沾泥呀。既然连无所不在、无所不能的上帝都要劳动，那么人类再以劳动为耻是无论如何也说不过去的，更何况人类始祖亚当也被安置在伊甸园里，负“修理看守”[1]之责。在古希腊和古罗马屡遭鄙视的雇工们竟也获得了上帝的同情和支持——“困苦穷乏的雇工，无论是你的弟兄或是在你城里寄居的，你不可欺负他。要当日给他工价，不可等到日落，因为他穷苦，把心放在工价上，恐怕他因你求告耶和华，罪便归你了。”[2]更有甚者，耶稣基督本人居然出生木匠之家，那么按照彼时子承父业的惯例，他很可能也是个卑微的手艺人，而后来他精挑细选的门徒居然是西塞罗最瞧不起的渔夫。究其原因，盖根 (Arthur Turbitt Geoghegan) 认为这是“耶稣通过强调个人的内在尊严……赋予劳动者以新的价值，为重塑劳动建立准则”。[3]

当然，基督教教会对工作的积极态度并非凭空臆想而来，追根溯源的话，它来自于一个完全不同于古希腊和古罗马的民族——希伯来人。作为《圣经·旧约》的创作者，希伯来人让上帝亲自指导摩西搭建祭坛，让扫罗“从田间赶牛回来”，[4]让大卫在撒母耳找寻他时“放羊”，[5]让以利沙蒙召时在田间“耕地，在他前头有十二对牛，自己赶着第十二对”。[6]除了《旧约》中希伯来人的领袖必须劳动外，犹太教的有些拉比也得靠双手谋生，他们有的种田，有的做草鞋，有的加工木炭，有的当泥瓦

1 《圣经·旧约》和合本，国际圣经协会有限公司 1995 年版，第 4 页。

2 《圣经·旧约》和合本，第 328 页。

3 Arthur Turbitt Geoghegan, *The Attitude toward Labor in Early Christianity and Ancient Culture* (Washington, D.C. : The Catholic University of America Press, 1945), 104.

4 《圣经·旧约》和合本，国际圣经协会有限公司 1995 年版，第 456 页。

5 《圣经·旧约》和合本，第 467 页。

6 《圣经·旧约》和合本，第 589 页。

匠，有的揉面团，等等。可以说无论是《旧约》中的犹太祖先，还是现实中的宗教领袖都为普通的犹太民众树立了“热爱劳动”的榜样。然而，如果就此推断所有的犹太人一致认为“劳动无贵贱”的话，那未免又过于草率。事实上，随着社会的前进与发展，意见不一致的情况时有发生。例如，早期犹太人推崇农业，轻视手工业，但手工业兴起之后，手工匠人往往又轻视农民；大部分拉比以身作则，靠自己的双手谋生，但也有一些拉比轻视劳动者，直斥其为无知；有些受古希腊思想影响更深的犹太人虽然不排斥体力劳动，但视之为上帝对人类堕落的惩罚，是不得不接受和面对的悲惨宿命。《摩西律法》还对工作进行了“洁净”和“不洁”的区分，从事“不洁”工作的人是要受到歧视的，例如，需要与女性打交道的职业是“不洁”的，因此织工、金匠、漂洗工等社会地位相对低下。但无论意见如何不统一，有一条底线始终岿然不动，那就是无所事事是最大的危害，与之相比，其他任何职业都有值得夸耀的资本。这一点对后来的早期基督教产生了不容忽视的影响。

早期基督教从时间跨度来看并不算长，从耶稣基督带领门徒布道算起，前后历经五百来年，但它承前启后，地位卓然。“承前”是指它脱胎于犹太教，与之共享《旧约》，实际上，当时的罗马政府认为基督教只是犹太教的一个分支；“启后”则是指经过艰苦卓绝的斗争和努力，基督教终于在西方确立了至高无上的地位，为教皇时代的到来做准备。它的“承前性”决定了它在某些方面势必受到犹太教的影响，其中之一就是对工作的认识。早期基督教几乎全盘接受了犹太教对体力劳动的积极态度，不仅反对无所事事，号召人人劳动，而且在《新约》中进一步深化，做出了“不劳者，不得食”的训诫：

> 弟兄们，我们奉主耶稣的名吩咐你们：凡有弟兄不按规矩而行，不遵守从我们所受的教训，就当远离他。…… 我们在你们中间，未尝不按规矩而行，也未尝白吃人的饭，倒是辛苦劳碌，昼夜做工，免得叫你们一人受累。这并不是因我们没有权柄，乃是要给

你们作榜样，叫你们效法我们。我们在你们那里的时候，曾吩咐你们说：若有人不肯做工，就不可吃饭。…… 你们中间有人不按规矩而行，甚么工都不做，反倒专管闲事。我们靠主耶稣基督，吩咐、劝诫这样的人，要安静做工，吃自己的饭。[1]

保罗在《帖撒罗尼迦后书》中是这么说的，他也是这么做的。作为一名福音传教士，保罗有足够的理由享受由教众无偿提供的食物和住所，但为了“免得叫你们一人受累”，他以身作则，坚持自给自足，以制作帐篷为生。在保罗看来，工作有两个重要目的，一是为了获得自立和自爱，能够立于人前，二是为了行善。这两点是与早期教会的性质密不可分的。早期的基督教会相当于一个“我为人人，人人为我”的社会共同体，身在其中的教徒有责任从事某种劳动，并将劳动所得用于帮助那些无力工作或暂时无业的人，教会则负责监督每个人的工作情况，适时地为大家提供生活所需。他们认为，比起接受施舍，上帝会更加青睐提供布施的行为，因此为了获得上帝的肯定，很多富人欣然散尽千金。早期教会所描绘的画面无疑是美妙的：大家辛勤劳动，享受劳动成果，向有需要的人献出爱心，倾囊以助，进而得到上帝的恩宠。这个美妙的画面在奥古斯丁那里又得到了进一步的巩固和加强。

包括保罗在内的早期基督教思想家对工作的态度只是散见于他们的日常言行之中，而奥古斯丁，这位基督教思想史上“教父”级的人物，则首次对此问题进行了系统化、教义化的解释和阐述。他明确规定，除了老弱病残之外，教众都有工作的义务，体力劳动和宗教冥思都是侍奉上帝的手段，二者缺一不可。他在《论修道士的工作》中毫不留情地谴责那些懒惰的修士，直斥他们为假修士。至于个人从事何种具体的工作，则由上帝决定，人们只需无条件地、忠实地接受，并全心全意地完成，不可抱怨工作的好坏、轻重，因为这也是由上帝赐予的个人天赋决

1 《圣经·旧约》和合本，国际圣经协会有限公司1995年版，第365页。

定的。此外，工作的目的不是为了敛财，而是为了帮助有需要的人，人们在上帝的帮助和监督下工作，劳动果实也是上帝的恩赐，不能完全归于个人，因此，所有超过简朴生活所需的财富应该无偿捐赠给穷困之人。个人经济地位的高低不与他在上帝心目中的地位成正比。至于工作的好坏，虽然奥古斯丁强调自立是第一位的，但是从他农业、工业到商业的排序来看，恐怕没有什么画面能比农夫种地、牧人放羊更加令人愉悦、更加迷人了。这一方面归因于他深受古希腊罗马思想的影响，以及当时工商业不发达，社会仍以自给自足的小农经济为主体，另一方面则建立在以《圣经》为基础的基督教神学体系上。首先，上帝在《创世纪》中最初安排给亚当和夏娃的工作就是看管伊甸园中所有的植物和动物，这大体上相当于后世的农业；其次，在奥古斯丁的想象中，上帝在人类堕落之前曾赐予他们理性行为的智慧和能力，通过充分利用这种智慧和能力，人类可以愉快地投身于上帝交付的看管之责中。然而，如果在从事农业的体力劳动与侍奉上帝的精神劳动之间做一个孰重孰轻的比较，那么后者无疑要占据绝对的上风，毕竟人与上帝的关系是以人对上帝的无条件信仰为基础的，花费更多的时间和精力在思考《圣经》和传播上帝的言语方面自然也是理所当然，再说体力劳动的根本目的还是为了帮助实现精神道德上的完满。如果要给奥古斯丁眼中的完美形象绘制一幅肖像，它应该是这样的：他身强体壮，种地为生，身居简陋农舍，体着朴素布衣，每日粗茶淡饭，劳动之余虔心阅读《圣经》，思考神学问题，他经常向穷人布施，决不吝惜哪怕一分一厘，他热心投身教众，向他们传播福音。

这幅肖像一定得到了圣本笃的喜爱。他不仅把自己打造成了画中的人物，而且用《本笃规则》的方式对他的追随者进行了有组织、有计划的改造和培训。他创建的本笃修道院被规划为一个“受统一规程约束的、在院长领导下的、有组织的、有纪律的、自治的宗教团体”，[1] 从6

---

1 王亚平：《修道院的变迁》，东方出版社1998年版，第12页。

世纪开始，一度成为中世纪最有影响力的修道院之一。所有自愿加入修道院的人必须接受一系列严格的考验。首先，要在修道院门外不断地恳求四至五天，等待大门为他敞开；然后，有幸被接纳入院后，仍需独居见习室修习一年，继续接受考验；最后，要当众发“三誓愿”，即“受贫穷”，“受贞洁”和“受服从”。从发愿这天起，他的一生都要在修道院内度过，过禁欲的生活；他得完全遵照院规行事，听从院长的领导；此外，他必须放弃个人拥有的一切，包括对身体的支配权。他那“罪恶的”财产要么得散给穷苦人，要么就赠与修道院，总之，修士要保持“基督的贫穷”，就只能靠自己的双手谋生。这种自愿的财富赠与行为后来发展成一种强制制度，它也是导致修道院财产越积越多、最终引起腐败的原因之一。在严格的管理下，本笃修士每日除了接受七至八个小时的宗教训练外——例如静修、祷告、诵读和内省等，还必须从事不少于五个小时的体力劳动，以锻炼体魄、净化心灵。简单来说，他们的日常生活由三部分组成：修行、劳动、吃饭睡觉和少许的娱乐，如此往复，周而复始。为了实现修道院的自给自足，他们也容忍部分修士掌握手工技艺。在本笃修道院中，劳动摆脱了“诅咒”的恶名，消除了自古希腊罗马以来劳动与闲逸之间的对立，成为生活中有益身心健康的基本组成元素。“接受劳动为生活之常态的行为大大提升了它的分量：劳动、学习和祷告齐头并进。如果本笃箴言说‘劳动就是祷告’，那么它指的是宗教仪式和日常劳动最终实现了相互转换；然而，无论是生活的哪一面，它指向的都是更加荣耀和高尚的地方。”[1] 需要进一步说明的是，虽然修道院制度重新为劳动正言，但是这里的“劳动”是神学上的概念，强调的是劳动本身的积极意义，而不是劳动产品数量的多寡，这一点与后来资本主义经济热衷利用科技进步提高产品数量有本质的区别。相比之下，前者看重过程，讲求精神境界的提升和灵魂的拯救；后者看重结

1 Herbert Applebaum, *The Concept of Work: Ancient, Medieval, and Modern* (Albany: State University of New York Press, 1992), 202.

果，追逐物质利益的最大化。

本笃修道院的社会影响日益扩大，逐渐传播到意大利、法国、英国和德国，当地的修道院竞相仿效，到查理曼皇帝统治时期，依托《本笃规则》建立的修道院已有相当大的经济实力。在修道院长伊米尔所编的圣日耳曼—德—普雷修道院（现巴黎市内）的土地农奴登记册中可以看到，仅这所修道院在查理曼皇帝统治时期，其领地上就居住着 2,788 户农民，其中 2,088 户是雇工，35 户是农奴，220 户是奴隶，只有 8 户是自由民。日耳曼著名的富尔达修道院拥有 15,000 处产业。当时，即使一个小修道院的庄园也有 200-300 户农民，大修道院的庄园里农户往往多达几千户。[1] 修道院丰厚的财产在战争中沦为各方觊觎的一块肥肉，为了寻找避难所，修士们不得不向世俗的封建领主求助，修道院的财产自然也就落到了他们手中。封建领主把修道院的财产当作私产的一部分，随意赠送、转让、出售或作为采邑分封。有的受封者举家迁入修道院内，过着世俗的生活——放荡的贵族子弟在静修室里喂鹰养马，在餐厅里花天酒地，打扮得花枝招展的女主人在女佣的簇拥下进进出出。[2] 来自外部的压力和影响固然打破了修道院曾经的祥和与宁静，但是，内部的侵蚀才使修道院彻底丧失了原有的宗教本质。“责怪那些贪婪成性的世俗者至少是片面的，因为世俗者能够从教会手中掠走的都是他们曾经赠予的。……如果说私有教会制和私有修道院致使修道院遭到了破坏，那么就还应该谴责教士们占有土地财产。”[3] 为了攫取更多的财富，一些修士随着查理曼皇帝的剑锋所指，争先恐后地涌入新征服的城市抢占土地，有时修道院之间为了争地盘、抢财富而连年交战，战败的一方往往遭到洗劫，修士被杀死。[4] 富裕起来的修士们不再去田间劳作，他们纵情声色，为所欲为，有些修士甚至娶妻生子，彻底背弃了亲口许下的“三

1 张绥：《基督教会史》，生活·读书·新知三联书店出版社 1992 年版，第 135 页。

2 王亚平：《修道院的变迁》，生活·读书·新知三联书店出版社 1992 年版，第 53 页。

3 王亚平：《修道院的变迁》，第 54 页。

4〔美〕汤普逊著，耿淡如译：《中世纪经济社会史》（上），商务印书馆 1961 年版，第 190 页。

誓愿”。

> 教会的仆人醉心于世俗的享受，炫耀他们的傲慢，自吹自擂。贪婪使他们怯懦；享乐使他们无精打采；恶意使他们感到恐惧、激起愤怒、产生不和；嫉妒和罪恶的淫乱杀害了他们。每天，他们身着质地精美的僧衣，脚蹬光亮耀眼的靴鞋，显得富丽奢华，津津有味地大吃大喝。尽管由于害怕尖刻的指责而羞于脱下献身于主的僧衣，但是却用色彩和柔软使其增色。[1]

贪婪、污秽和腐败彻底玷污了修院制度，以抵制“罪恶之源”的金钱为宗旨的修士最终也没能躲过这条毒蛇的引诱，本笃修道院由此慢慢凋零，《本笃规则》几乎失传，刚刚走出古希腊罗马阴影笼罩、获得些许尊重的体力劳动再次受到打击。

“修道制度的历史，是一个腐败和改革的长期记录。”[2] 因此，在本笃修道院逐渐淡出历史舞台后，作为对它的否定，克吕尼改革运动(Cluniac Reform)在十世纪中叶应运而生。克吕尼派的改革由整顿修道院制度入手，针对当时盛行的“西门主义”[3] (Simony)和“尼哥拉主义”[4] (Nicolaitanism)，重新确立“三誓愿”，积极倡导严格禁欲的“使徒式生活”，在院内恢复《本笃规则》，修士必须严守院规，除了侍奉上帝，体力劳动也是必不可少。通过改革，克吕尼派不仅提高了它在教会内的地位，赢得了教皇的支持，而且得到了世俗社会的积极响应，越来越多的人开始把进入修道院修道作为追求的目标，他们捐钱捐物，开始了轰轰烈烈的寺院复兴运动。“有些贵族就自愿忍受贫穷；并由于鄙视他们的财产，把它们献给他们所进入的寺院；他们还诚心诚意地努力争取别人

---

1 张绥：《基督教会史》，生活·读书·新知三联书店出版社1992年版，第54页。

2 〔美〕汤普逊著，耿淡如译：《中世纪经济社会史》（下），商务印书馆1984年版，第208页。

3 指当时教会中盛行的用金钱或其他卑劣手段取得教会神职的一种现状和思潮。

4 为破坏神职人员应遵守的独身生活，甚至提倡神职人员娶妻纳妾辩解的一种思想。

来做同样的事情。而且，还有贵妇们，遗弃了她们有名的丈夫，置儿女之爱于度外，把她们的财产也献给寺院。……至于那些不能全部放弃自己财产的男人和女人，他们把自己财产的一部分，以赠与的形式来维持那些已经这样做的人们。"[1] 随着改革运动发展的深入，其影响越来越大，加入寺院的修士越来越多，其中不乏一些封建贵族子弟，因而获得的捐赠也越来越多，经济实力越来越强，相反，宗教热情却越来越弱。于是，噩梦再次降临，丰厚的财富再次成功地引诱了意志不坚定的修士们，他们抛弃了自己戴在头上的"紧箍咒"，重新开始享用华服美食，斋日吃肉，酗酒。他们由最初的劳动者转变成了监督劳动者的人，体力劳动作为旧日的理想，再次湮没无闻。

以反对敛财、反对教会世俗化为己任的克吕尼派在敛财和世俗化过程中沉沦了，同样逃不脱这个命运的还有原本打算充当新任改革者的息斯脱西安派。"息斯脱西安"在古法语中意为"向沼泽进军"，从它建立的本意来看，这个名字倒是相当贴切。总结吸取了克吕尼派失败的教训后，息斯脱西安派决定把修道院建在遥远而又偏僻的山区，效仿早期修道院过着与世隔绝、自给自足的隐修生活，《本笃规则》再一次被提到重要位置。在某种程度上，息斯脱西安派和它之后的托钵僧，简直就是中世纪的清教徒，他们白袍加身，行为严肃，教堂徒有四壁，毫无修饰，反对繁文缛节，铺张浪费。他们决定恢复劳动的尊严和地位，使自己不受世俗风气的玷污。然而，再尚高的理想和情操也抵挡不了现实的诱惑。在具有强烈的宗教热情的时期，例如在历次改革的初期，修士往往处于一种自卑情绪的纠缠中，能够虔诚地实践订立的宗教规则，一旦他们加深了与外界世俗社会的交往，以及由于时间流逝而导致的宗教热情的减弱，情形就会大为不同。历史再次重演——息斯脱西安派有钱了。息斯脱西安派仿佛北美的早期移民，有开荒拓地的传统，"向沼泽进军"的口号使得它在完成一片荒野的整理工作、带来新移民后，继续

1 〔美〕汤普逊著，耿淡如译：《中世纪社会经济史》（下），商务印书馆1984年版，第215页。

向更加荒蛮的地方开进，这一方面自然是促进了农业经济的发展，另一方面也为修道院带来了数量可观的土地。此外，息斯脱西安派沿袭了之前修道院的做法，接受慷慨的土地赠与。“在十二至十三世纪里，滥给赠与是家常便饭。”[1]在12世纪之前的中世纪早期，土地就意味着财富。于是，在息斯脱西安派修道院，修士“在花园里用锄，在草地上用叉和耙，在收获的田地上用镰刀，在森林中用斧头”[2]的画面消失无踪了，“世俗弟兄”[3]取而代之成为画中的主角，修士只需负责从旁监督。也就是说，息斯脱西安派在修道院内部将修士人为地分成了两个等级：地位较高的唱经师和地位较低的世俗弟兄。显然，后者的存在只不过是为了帮助前者从繁重、卑下的体力劳动中解放出来，专心于上帝的工作。此后，随着修道院产业的不断增多，远远超过世俗弟兄所能负担的数量，农奴和雇工又出现在了修道院的经济体里。到了12世纪下半叶，息斯脱西安派修道院关于自给自足的理想彻底破灭。

纵观始于5世纪、在10、11和12世纪发展到高峰的修道院制度，人们可以发现，几乎所有主要的修道院都是以《本笃规则》为蓝本进行规划的，它们都把体力劳动作为修道的重要部分，认为只有采取修道加体力劳动的方式才能更接近理想的宗教生活，在修道院建立的早期，他们也确实是这么做的。然而，好的开端并不意味着好的结局，这些修道院无一例外地都倒在了劳动与财富面前。无论是“黑衣修士”还是“白衣修士”，抑或是其他什么修士，他们要么被财富腐蚀，沦为“花和尚”，要么放弃体力劳动，专注于精神方面的修行。虽然比起古希腊罗马时期对体力劳动全面否定的态度，基督教在神学领域帮助提升了它的地位，但是，到目前为止，无论是在世俗社会，还是在宗教领域，它还没有真正获得广泛的承认。

---

1 〔美〕汤普逊著，耿淡如译：《中世纪社会经济史》（上），商务印书馆1961年版，第219页。

2 〔美〕汤普逊著，耿淡如译：《中世纪社会经济史》（上），第219页。

3 这些人获准加入寺院作为院内或农场上的仆人。他们同样需要入院宣誓，并接受神学教育。他们从寺院取得衣食和住宿；作为报答，他们长久而又辛苦地工作。这些人是异于农奴和雇工的特殊类型。

从世俗社会来看，国王和各大小领主占据了封建社会的主要生产资料——土地，农民主要以农奴、雇工和奴隶的形式附庸在封建领主的土地上，只有少数人是拥有土地的自由民。土地的多少决定了财富的多寡，贵族阶级完全可以脱离体力劳动而过上富足、甚至奢侈的生活，相比之下，需要仰人鼻息、靠体力劳动谋生的农民自然沦为他们歧视的对象。此外，身处中世纪的农民几乎与受教育的机会和权力绝缘，正因如此，他们往往被描绘成一群粗鄙、无知、褊狭的乡巴佬——“接着干吧，乡巴佬。放羊就是你的工作，而我要去研究文学著作，成为一个文明人。劳心的管理让我高人一等，劳力的服务只让你更加粗鄙。”[1]中世纪的封建主继承了古希腊罗马的传统，对体力劳动有天生的排斥。

从基督教的宗教特点来看，它更加重视对上帝的信仰，号召大家把有限的精力投入到无限的与上帝的交流工作中去。这从《圣经 · 路加福音》马大和马利亚两姐妹的故事中可见一斑。耶稣去马大家做客，恰逢两姐妹忙于家务，看到耶稣到来，马利亚放下了手中的活去听他的道，马大则抱怨马利亚不该让她一人忙乱，听闻此言，耶稣对马大说：“马大马大！你为许多的事思虑烦扰。但是不可少的只有一件：马利亚已经选择那上好的福分，是不能夺去的。”[2]后来，基督教神学家对这段故事进行分析解读，认为耶稣是在告诫人们，精神修行的意义远远大于体力劳动。于是，一边是耶稣的教导，一边是“不劳者，不得食”里对体力劳动的强调，一边宣传体力劳动是上帝对人类的惩罚，一边又说上帝通过劳动创造世界的方式赋予了劳动尊严，实际上，基督教本身对如何对待劳动也颇多矛盾与困惑。在此基础上，如何处理二者的关系，使二者和谐共处成了亟需解决的问题。从基督教发展的整个历史来看，二者基本维持了此消彼长的态势：在一段时期内如果体力劳动受到过分重视，那么势必会引起精神修行的反弹，体力劳动的地位会有所下降；相反，

1 Herbert Applebaum, *The Concept of Work: Ancient, Medieval, and Modern* (Albany: State University of New York Press, 1992), 219.

2 《圣经 · 新约》和合本，国际圣经协会有限公司 1995 年版，第 126 页。

如果精神修行大行其道，那么人们必然重提体力劳动。这一点在修道院的发展与更替中明显地表现出来。此外，作为共存于一个世界中的两个相对独立的体系，宗教思想不可避免地要受到同时代的世俗价值观的影响。在世俗社会仍然集体鄙视体力劳动的大背景下，修士恐怕也难以独善其身。只有当普通劳动者开始觉醒，主动争取自己的权利，再加上宗教作为先锋在旁摇旗呐喊，体力劳动才能获得应有的尊重。

事实上，情况确实在改善之中。从12世纪到15世纪，西欧社会在政治、经济、科技、思想等方面经历了深刻的发展，中世纪早期封闭的、自给自足的农业经济社区逐步瓦解，开始了向商品化社会的转变，随之而来的是生产组织、经营方式和所有制的改变。处于社会中下层的百姓从中受益，社会政治和经济地位明显提高，与之相应的是他们的工作得到社会认可，以往遭到鄙视的农、工、商业（尤其是后两个行业）部分地获得了尊重。

在中世纪早期，只要是受到教会批判的行业肯定会遭遇社会的歧视，例如，与流血、不洁和金钱有关职业。直接受到流血这项禁忌影响的是屠户和刽子手，其次是外科医生、理发师和药剂师。士兵的景况要好很多，因为他们承担着讨伐异端、保家卫国的责任，但是在“凡动刀的，必死在刀下”[1]的训诫下，他们难免也会受到影响。“不洁禁忌”的受害者主要是漂洗工、染工和厨师。托马斯·阿奎那就把洗碗列为最不受欢迎的工种。商人因为与金钱打交道格外受到歧视。此外，与“七宗罪”有关的职业也属于禁忌范围。例如，旅馆和澡堂老板因为经营的场所常会成为色欲的温床而受到谴责；商人、律师和法官的职业可能导致贪婪，因而也需严加防范；厨师的工作不仅“不洁”，可能还会引起贪吃；乞丐不值得同情，因为他们懒惰。总的来说，教会对行业分工的态度可以分为两个层次：第一，受古希腊罗马传统思想的影响，认为除农业之外的所有行业都会对人们的道德造成损伤。手工业者很少受到尊

1 《圣经·新约》和合本，国际圣经协会有限公司1995年版，第54页。

重，除非是金匠、铁匠或铸剑师；第二，受《创世纪》上帝劳动创造天地万物的影响，认为凡是不具有创造性的工作均属低等范畴。农民播种收获粮食，工匠手工制作物品，都创造出新鲜事物，所以他们的工作是有价值的。退一步说，即便没有创造，至少也得有改进或改造，而商人靠转手商品就能赚取利润，自然属于谴责对象。

到了中世纪晚期，随着城市运动的兴起和劳动分工的细化，出现了许多新的行业，再加上平民地位的提高和思想的解放，整个社会开始逐步修正对不同行业的态度。被禁止的行业数量减少，受谴责的行业纷纷找理由为自己辩护。经院哲学也为变化提供了理论依据，它推翻了早期基督教思想家对职业模糊不清的分类方法，转而具体情况具体分析，区别对待。例如，纯粹为了谋利的商人仍会遭到批评，但如果他是为了公众的利益——提供服装或纺织品等，那就另当别论。它放松了对时间的限制，允许农民出于天气的考虑（例如下雨）在礼拜日收割庄稼。

在放松行业限制的同时，体力劳动的地位也有所上升。首先，从宗教领域来看，修士必须从事体力劳动，这无疑提高了体力劳动的神学地位。其次，从世俗社会来看，越来越多的行业工人因为出售劳力而获得报酬，使得体力劳动的世俗地位也有所改善。其中最显著的事例是教师因授课而得到报酬的行为获得肯定，这在以往是遭到批评的，因为早先人们认为教师的职责是传授知识，而知识作为上帝赐予的天赋是不能出售的。但随着大学的兴起，课酬不再被视为出售知识的回报，而是对授课中体力劳动消耗的答谢。

行业工人的增多一方面带来的是工作地位的提升，另一方面也带来了新的阶级矛盾——城市贵族和下层劳动者之间形成了一道鸿沟，被蔑称为“黑指甲”的劳动者受到了来自城市贵族经济上的盘剥和政治上的歧视。以工匠、手工业者和小店主为主体的城市下层阶级奋起反抗保守的城市贵族，阶级斗争的战场由早先的农村转到了城市，斗争的双方也由封建贵族与农民变成了城市贵族和劳工。斗争始于 13 世纪后半期，延续了一个多世纪，到 14 世纪末以贵族和行会的胜利而告终。斗争的失败决定了劳动阶级作为一个整体仍是受歧视的对象，他们干的仍是受诅咒、不体面的工作，他们也不得不位列教士和骑士之后，沦为社会底层。现状的改变需要一次更普遍、更猛烈、更深入的革命，马丁·路德和新教革命应运而生。

新教对工作的态度是现代工作观念的起源，不仅如此，在马克斯·韦伯看来，它还是资本主义工作伦理的理论基础，为资本主义的发展提供了强有力的意识形态方面的保障。在从中世纪向现代工作观念的转变过程中，新教工作伦理是一个必不可少的中间阶段，而为这个中间阶段打下基础的就是宗教改革的先锋人物——马丁·路德。意大利哲学家阿德里亚诺·蒂尔格 (Adriano Tilgher) 对路德的宗教观点有过细致的研究，他指出，“新教主义是这次广泛而深入的精神革命的推动力，此次革命在现代人的思想中建立起了工作是生活的基础和核心的观念，在这个层面上，新教主义的先声是路德。”[1]

比起先贤奥古斯丁和此前的修道主义，路德在工作概念上的独创性在于他否定了神职人员的特殊地位，宣称侍奉上帝的最佳途径是尽善尽美地做好上帝分派给自己的工作。路德对工作的态度有着深远的意义，它模糊了、甚至消除了精神和世俗工作的区别和界限，工作不再有高低不同和贵贱之分。所有形式的工作都是神圣的，一个人无论从事何种工作，都是上帝的安排，因此，严肃的、非宗教性的工作不再是上帝对世人的惩罚，而是天恩，是一件值得欣喜的圣事。路德给“因劳动而汗珠密布的额头戴上了王冠。从他而始，工作具有了宗教尊严。”[2] 从此，工作、职业和“圣召”具有了相同的意义。

将工作等同于“圣召”的思想对工作地位的提高和劳动者思想的解放具有决定性的意义。对基督徒来说，没有什么比获得上帝的肯定更重要的了。既然工作没有贵贱之分，那么就不必再为自己是工匠或小手工

---

1 Adriano Tilgher, *Work: What It Has Meant to Men Through the Ages* (NY: Harcourt, Brace and Co., 1930), 47.

2 Adriano Tilgher, *Work: What It Has Meant to Men Through the Ages*, 50.

业者而感到自卑，教士、贵族和骑士不再是压在劳动者身上的“三座大山”，劳动者真正从精神上得到了解放。在路德“因信称义”的思想下，他们可以自豪地投入到工作中，在加尔文关于财富的论证里，他们可以毫无愧疚地积攒财富，在“上帝面前人人平等”的宣言中，他们可以积极地争取应得的经济权利和政治地位。劳动者成为社会发展中的一股强大力量，工作的地位也不断提高，当“阿贝拉”号到达北美的那一刻，它被正式拉上“神坛”，成为清教徒们尊奉的信条。

第三节　韦伯命题：百年争议

1904年和1905年，马克斯·韦伯分两次发表了他的名著《新教伦理与资本主义精神》（以下简称《新教伦理》），自此，针对新教伦理与资本主义精神的关系的争论就始终没有过时。姑且不论韦伯命题是否成立，单从参与命题论战的人士之多、涉及学科之广、角度之多变，即可管窥它在20世纪的学术界掀起了何等的研究热潮，甚至有学者称之为学术界的百年战争。当代西方重要的伦理学家之一麦金太尔曾如此评价韦伯的学说：“当代居主导地位的世界观是韦伯的世界观。”[1]

事实上，即使是在20世纪的头几年里，对西方资本主义文明兴起的原因的研究也已不是什么新鲜话题，各种各样的研究成果囊括了经济、政治、文化、人种、地理环境等等方面。例如之前就已存在的亚当·斯密（Adam Smith）和马克思的经济学理论，以及与韦伯仅差一岁、且同为德国社会学派代表人物的桑巴特（Werner Sombart），他在一系列的著述中将资本主义的兴起与犹太教、战争和奢侈联系起来，而且在1913年出版的《奢侈与资本主义》一书中，非常直接地用第五章的标题

1 〔美〕麦金太尔著，龚群等译：《德性之后》，中国社会科学出版社1995年版，第137页。

宣称：资本主义——奢侈的产物。

在韦伯的《新教伦理》问世之后，对它的批评也纷至沓来。除了诟病他的宗教偏见，还有一些历史学家认为他对加尔文主义的理解是完全错误的，他对宗教文本的选择缺乏代表性，他的观点经不起更多实证数据的推敲，或者试图证明早在宗教改革之前资本主义精神就已存在，等等。韦伯花费了大量的时间和精力反驳来自各方的质疑，到 1920 年《新教伦理》再版时，注释已经大幅增加了。他谴责那些试图否认新教与现代资本主义之间有着密切联系的行为："轻率地驳斥无可争议的事实的行为（这正是我的一些批评者们的所作所为）是不可原谅的，迄今为止还没有人对这些事实提出过异议。"[1] 后来的一些社会学家也指出，其实只要去读一读韦伯关于中国和印度的文章，他的《经济与社会》，或者《经济通史》，就可以看出他是支持对同一问题进行多元化分析的。韦伯认为，不同的人从不同的角度选取特定的价值参照作为自己的尺度，只要内在逻辑清晰，论证充分，那么这种解释就有其自身的价值。因此，对韦伯来说，《新教伦理》在因果关系的论证上是极其谨慎和有限的，他只是试图说明新教伦理改变了虔信者对日常经济活动的态度，而这种出自于宗教信仰的心理动机只是西方资本主义经济发展和文明产生的众多因素之一，而非唯一推动力。

既然针对资本主义经济兴起原因的研究如此丰富，而且对韦伯学说的批评又如此众多，那为何韦伯的观点能够长盛不衰，历久弥新呢？《纽约客》专职作家伊丽莎白·科尔伯特 (Elizabeth Kolbert) 在《新教伦理》出版 100 周年之际发表的评论文章或许能解释其中的缘由：

> 韦伯这部著作尽管充满了争议但仍十分吸引人，这是因为它不是一部关于过去的著作，而是一个关于现在的寓言。任何参与现

1 Max Weber, *The Protestant Ethic and the Spirit of Capitalism* (New York: Charles Scribner's Sons, 1930), 280.

代资本主义经济的人，无论他是做汉堡包的，写代码的，还是发行周刊的，都会时不时觉得自己干的活有一种苦行的味道。我们都认为，工作不只是为了养活自己，它还是我们的职责。至于为什么，我们却没什么头绪。韦伯也曾感到他有劳作的冲动，但这种冲动又毫无根由。……他就在《新教伦理与资本主义精神》中创造了一个神话来解释他以及我们的这一困惑。[1]

韦伯创造的“神话”就是他的韦伯命题。韦伯命题主要包括两个方面：一方面是韦伯提出问题的方式，即为什么理性资本主义只出现在西方，而在其他地方却没有发展出理性资本主义。“为什么资本主义利益没有在印度、在中国也做出同样的事情呢？为什么科学的、艺术的、政治的或经济的发展没有在印度、在中国也走上西方现今所特有的这条理性化道路呢？”[2]“我们的当务之急就是要找寻并从发生学上说明西方理性主义的独特性，并在这个基础上找寻并说明近代西方形态的独特性。”[3]另一方面则是韦伯回答问题的方式，即他认为近代资本主义扩张的动力首先并不是来自于推动资本主义活动的资本额，更重要的是资本主义精神的发展。也就是说，不管在什么地方，只要有资本主义精神露出端倪，它就能创造出实现自身目的所需的资本和货币供给，相反，如果只有货币资本而没有这种理性精神的出现，则不可能发展出近代资本主义。那么“西方形态的独特性”到底是什么？资本主义精神从何而来？为了回答这些问题，韦伯引入了一个全新的概念——新教伦理。

新教伦理是韦伯在《新教伦理》一书中首先提出来的一个概念，它被认为是西方社会在向现代化转型中最具有原创力和解释力的概念之一。韦伯从关注行为者的心理动机以及影响这种动机的社会文化背景出

---

1 Elizabeth Kolbert, “Why Work?” *The New Yorker* 29 November 2004.

2 〔德〕马克斯 · 韦伯著，于晓，陈维纲等译：《新教伦理与资本主义精神》，陕西师范大学出版社 2006 年版，导论：第 10 页。

3 〔德〕马克斯 · 韦伯著，于晓，陈维纲等译：《新教伦理与资本主义精神》，导论：第 11 页。

发，提出了新教伦理作为孕育资本主义精神的母体，在资本主义社会发展过程中成为与资本主义经济合理性相辅相成的普遍精神，为资本主义社会的发展提供了巨大的精神动力。韦伯在宗教和经济之间看到了一个交叉点，他把这个交叉点作为历史的事实进行讨论和分析，经过剥茧抽丝似的层层推理，他终于找到了连接这个交叉点的关键所在，即新教伦理中的“圣召”思想。正是这一思想促成了新教徒积极地向传统主义挑战，激发出资本主义精神，从而彻底改变了世界的面貌。正如韦伯所说，他探讨的是“现代经济生活的精神与禁欲新教的理性伦理之间的关系”。[1]

由此可以推断出，韦伯在《新教伦理》中试图说明两个问题：一是新教的“圣召”观念，即工作伦理；二是新教的工作伦理与资本主义精神之间的关系。韦伯在《新教伦理》开篇就明确指出：“在任何一个宗教成分混杂的国家，只要稍微看一下其职业情况的统计数字，可以发现这样一种状况：工商界领导人、资本占有者、近代企业中的高级技术工人、尤其受过高等技术培训和商业培训的管理人员，绝大多数都是新教徒，”[2] 随之他提出问题：“为什么经济最发达的地区同时也特别地赞成教会中的革命？”[3] 接着，他通过比较天主教徒与新教徒在经济生活中的差异来说明“由环境所得的心理和精神特征决定了对职业的选择，从而也决定了一生的职业生涯，”[4] 而“心理和精神特征”的差异必须“在其宗教信仰的永恒的内在特征中”[5] 去寻找。韦伯在仔细分析了新教教义之后，得出了新教“内在特征”的结论：“上帝应许的唯一生存方式，不是要人们以苦修的禁欲主义超越世俗道德，而是要人完成个人在现世里

---

1 Max Weber, *The Protestant Ethic and the Spirit of Capitalism* (New York: Charles Scribner's Sons, 1930), 27.

2 〔德〕马克斯·韦伯著，于晓，陈维纲等译：《新教伦理与资本主义精神》，陕西师范大学出版社 2006 年版，第 3 页。

3 〔德〕马克斯·韦伯著，于晓，陈维纲等译：《新教伦理与资本主义精神》，第 4 页。

4 〔德〕马克斯·韦伯著，于晓，陈维纲等译：《新教伦理与资本主义精神》，第 5 页。

5 〔德〕马克斯·韦伯著，于晓，陈维纲等译：《新教伦理与资本主义精神》，第 6 页。

所处地位赋予他的责任和义务。这是他的天职。”[1] 新教与天主教相比，前者以工作、入世为“天职”[2]，后者以苦修、出世为“天职”，前者的信徒勤劳诚实，后者的信徒相对懒惰，唯教皇之命是从，在政治上不可信赖。也就是说，新教教义培养和训练了其信徒勤勉克己、节俭朴素的美德，这使得他们比天主教徒在经济上更为成功。

除了从统计数据出发来研究这种独特现象背后的宗教伦理根源，韦伯还大量引用了富兰克林的名言警句，用以阐释资本主义发展的内在精神。在韦伯看来，富兰克林所宣扬的不单是发迹的方法，而且还是一种奇特的伦理，即人们的日常行为必须遵循一定的原则：谨慎，勤劳，做事认真负责；不能闲散度日，因为时间就是金钱；培养良好的信誉，因为信誉也是金钱；时刻警惕自己的账目，不可入不敷出；节俭消费，不买无用之物；善于投资获利。[3] 尽管富兰克林否认自己是个清教徒，但他深受清教思想的影响这一点是毋庸置疑的，他自己也明确表示这些美德来自于神的启示。通过这样一番归纳和论证，韦伯确立和阐释了新教工作伦理的概念。

接着，韦伯继续回答第二个问题，即资本主义精神与新教伦理之间有无自然而然的因果关系。韦伯所说的资本主义精神是指个人把努力增加自己的财富资本视为职业责任，赚钱是进行经济活动的根本目的，是美德和能力的表现。韦伯说：“一个人对天职负有责任乃是资产阶级文化的社会伦理中最具代表性的东西，而且在某种意义上说，它是资产阶级文化的根本基础。”[4] 通过比较清教徒和资本主义英雄时代的典型人格，韦伯发现二者在严肃刻板、坚忍耐劳、严于律己等方面具有极大的相似性。他还分析了加尔文教派禁欲主义对信徒日常生活的规范作用，指出清教徒的职业观以及禁欲主义直接影响到了资本主义社会的精神气质。

1 〔德〕马克斯·韦伯著，于晓，陈维纲等译：《新教伦理与资本主义精神》，陕西师范大学出版社2006年版，第34页。

2 本书中的“圣召”和“天职”皆从calling一词翻译而来，含义相同。

3 〔德〕马克斯·韦伯著，于晓，陈维纲等译：《新教伦理与资本主义精神》，第12—14页。

4 〔德〕马克斯·韦伯著，于晓，陈维纲等译：《新教伦理与资本主义精神》，第16页。

从而得出新教伦理是西方资本主义产生的伦理动因和精神基础的结论。

为了进一步证明这一结论，韦伯还分析比较了东西方的宗教传统。他认为，研究各个不同的宗教伦理对于理解它们各自不同的经济伦理具有重要的指导意义，这一点他在《新教伦理》中也有具体说明："后面几篇是有关世界宗教的经济伦理的研究论文。它们概览了几种重要宗教与经济生活的关系，以及与它们各自所处环境的社会阶层之间的关系，试图发现二者之间的因果规律，进而找出与西方发展进行比较的要点。唯有如此，才有可能对有别于其他宗教的西方宗教的经济伦理中的一些因素进行因果品评，才有可能达到可接受的相符程度。"[1] 通过比较东西方的宗教伦理，韦伯发现二者大相径庭。东方的宗教伦理——儒教、道教、印度教以及佛教——并不具备新教伦理的特征，不能为世俗经济活动提供积极的精神指导，因而阻碍了本民族资本主义经济的发生和发展。

韦伯以自己非凡的睿智和独特的视角发现和概括了新教伦理对资本主义精神形成的巨大作用，也开创了宗教伦理与资本主义发展关系研究的先河。迄今为止，没有人能够像他一样以简明扼要的方式来阐述资本主义的起源及其精神特质。但韦伯命题在论证上不够严谨，其思想自身也有需要进一步探讨的地方，因而在学界内引起了诸多的争论。

目前，对韦伯命题的争论主要集中在第二个问题上。有学者指出，韦伯从宗教伦理的角度来分析资本主义经济兴起的原因，这确实有其创新之处，但视角过于单一，不能完整、准确地展现资本主义产生的真正原因，而且还很容易让人产生一种错觉，即与其他因素相比，宗教伦理才是最重要的。还有学者认为韦伯有先入为主的观念，即先有了预设的前提然后才挑选合适的证据，因此他选择性地舍弃或忽视了那些与结论不相符的材料。例如，他过分专注于东方宗教伦理中那些阻碍资本主

1 Max Weber, *The Protestant Ethic and the Spirit of Capitalism* (New York: Charles Scribner's Sons, 1930), 27.

义经济发生和发展的因素，而忽略了一些可能伤害其论证的东西。实际上，儒教和印度教里都有一些有利于推动社会经济发展的因素。余英时在《中国近世宗教伦理与商人精神》一书中借用了韦伯的一些观念和方法来解读中国宗教伦理和商人精神的关系，得出了与韦伯完全相反的结论，即中国近世的宗教伦理（尤其是儒家宗教伦理）有可能促成资本主义精神的形成。美国学者杜维明认为新教伦理与资本主义精神之间确有某种联系，但这不是一种直接的因果关系，不是有了新教伦理的因，才有了资本主义精神的果。[1]这也就是我们常说的选择的亲和性，即某一种现象与另一种现象同时出现，彼此间有互动关系，但不能武断地以因果关系下结论。

实际上，韦伯的第二个问题本身就难以证明，因为他谈论的问题与宗教伦理有关，复杂且非理性，它诉诸人的情感和隐秘的内心世界，要想从非理性中总结出理性的规律，找出无可辩驳的历史客观事实，无疑是困难的。韦伯自己也承认，“某些宗教观念对于一种经济精神的发展所产生的影响，或者一种经济制度的社会精神气质，一般来说是一个最难把握的问题。”[2]但不可否认的是，宗教伦理作为世俗道德行为准则的延伸，是一种现实的社会力量，它几乎制约着人们所有的日常行为和关系，对它们做出道德评判，进而指导人们的活动，这其中就包括人们的经济行为与道德。如果一种宗教伦理能够在人们的心理上产生积极的影响，使人们努力工作，那么这种宗教伦理就是有利于经济发展的。亚当·斯密在《国富论》中就曾提出宗教是影响经济发展的一支重要社会力量。罗纳德·L·约翰斯通 (Ronald L. Johnstone) 在《社会中的宗教——一种宗教社会学》中分析了宗教对经济态度和经济行为的影响。宗教讲诚实守信，公平公正，这些个人美德在经济生活中是至关重要的，宗教能成功将这些美德灌输给自己的信徒，宗教便对经济产生了影

---

1 〔美〕杜维明：《现代精神与儒家传统》，生活·读书·新知三联书店出版社 1997 年版，第 69 页。

2 〔德〕马克斯·韦伯著，于晓，陈维纲等译：《新教伦理与资本主义精神》，陕西师范大学出版社 2006 年版，导论：第 11 页。

响。[1]因此，强调勤劳节俭、节制禁欲和鼓励积累金钱财富的新教伦理成为资本主义经济兴起的精神基础也是有可能的。事实上，韦伯的伟大之处不在于他“找到”了资本主义得以兴起的源头，而在于他提出了一个全新的视角来重新审视资本主义兴起的可能的原因。

至于第一个问题，虽然它不是争论的焦点，但是同样受到诸多质疑。因为韦伯的关于新教工作伦理的结论是从宗教资料和神学文献中研究总结而来的，那么在具体的社会生活实践当中有没有被广泛应用，这仍旧是个问题，也就说，它仅仅是书本中的神学概念和号召，还是具体的社会实践，这一点似乎难以考证。美国学者丹尼尔·贝尔 (Daniel Bell) 指出，清教徒订立了契约，它要求人人按规定的楷模生活，然而没有人能够长久不懈地在紧张的狂热中生活下去，尤其当它要求人们维持严峻的纪律，并压抑自己的冲动时，就更显得令人难以忍受。[2]

然而，问题的吊诡之处就在于，如果无法证明第一个问题为真，那么第二个推理也就是无根之木，因此，一些学者向新教工作伦理这一概念直接发难，试图从根基上击垮韦伯命题。有学者指出，韦伯命题所说的天职观并不只存在于新教伦理中，事实上，天主教徒也承担了世俗劳动。保罗·明希 (Paul Munch) 在《韦伯之前的命题：追根溯源》一文中指出，韦伯研究的背后其实是一部天主教和新教双方互抱偏见的历史，实际情况则是，这些教派对经济伦理的传统主义理解在很长一段时期内并没有本质上的差别。各教派在经济方面一直保持着相对的宽容，而18世纪的理性研究为教派与经济的多样化关系提供了某种切合实际的解释。例如，在论证新教之所以能够创造更多的经济价值时，宗教节日的多寡成为考虑的一个重要因素。富有的新教徒一年只有60个节日，而贫穷的天主教徒则有120个，因此前者可以从多出的60个工作日中获

---

1 〔美〕罗纳德·L·约翰斯通著，尹金黎，张蕾译：《社会中的宗教——一种宗教社会学》，四川人民出版社1991年版，第199页。

2 〔美〕丹尼尔·贝尔著，赵一凡，蒲隆，任晓晋译：《资本主义文化矛盾》，生活·读书·新知三联书店出版社1989年版，第104页。

益。明希列举了财政专家约翰·弗雷德里希·普法伊弗尔于18世纪下半叶在国际范围内进行的一组数据比较：英国比法国少50个宗教节日，年收益达到了1,200万英镑，法国实际上损失了3,000万英镑；俄国取消了40个宗教节日，它的年度国民总产值提高了8,000万卢布。[1]宗教节日的减少与工作日的增加确实提高了国民生产总值，但是明希回避了天主教在减少宗教节日之后，与新教在创造经济价值方面有无差异的问题。明希认为，虽然早在1597年清教牧师威廉·珀金斯就在《论人的职业与圣召》一文中把修道士、托钵僧以及天主教徒归入无赖、乞丐和懒汉的行列，但直到18世纪，关于经济与宗教之间关系的论说，还仅限于经济和神学的学术讨论范围，各教派的差别完全是教义和仪式上的问题。然而，随着民族与教派成见的发展，特别是18世纪末各种旅行见闻录的发表，天主教徒游手好闲、漫不经心和贪图享乐的形象与新教徒勤奋、认真和创新的精神在19世纪的"文化斗争"中逐步固定下来，形成了所谓的刻板印象。于是，教派冲突在19世纪30年代的德国卷土重来，斗争的结果是天主教徒越来越被视为异己因素而遭到排斥和贬抑。在韦伯写出《新教伦理》之前的10年，反天主教的鼓噪达到顶峰，因此，在明希眼中，韦伯只不过是一个站在矮子肩上的巨人，这个矮子就是反天主教成见的制造者们。

托马斯·尼普戴尔 (Thomas Nipperdey) 的《马克斯·韦伯、新教和1900年前后的争论背景》部分地证明了明希的观点。他指出，韦伯对当时的社会宗教背景缺乏全面与深刻的了解，最起码他忽视了占德国人口45%的天主教徒遭受的歧视与偏见。为了证明自己的观点，尼普戴尔采用了统计学的方法，对德国精英阶层中各教派所占比例的情况进行了分析：天主教徒占16.9%，显然低于他们在总人口中的比例；新教徒占14.91%，高于人口比例；即使是犹太教徒的代表也超过了他们所占

1 〔美〕哈特穆特·莱曼，京特·罗特编，阎克文译：《韦伯的新教伦理：由来、根据和背景》，辽宁教育出版社2001年版，第46页。

的比例，达到1.86%。[1]除此之外，在其他领域，例如司法界官员和大学教师，天主教徒的比例与新教徒相比同样十分悬殊。虽然尼普戴尔认识到这组数据可以从两个相反的角度进行解读——具有候选人资格的天主教徒较少或者是对天主教徒的歧视和打压造成比例偏低，但他显然乐意选择相信后者。更加让人意外的是，他认为天主教徒的自我批评精神也是导致歧视的原因之一——正是乔治·冯·赫特林式的谦逊[2]，以及赫尔曼·施奈尔式的自我反省[3]让"自大狂妄"的新教徒们沉浸在"我们早就预料到了"的喜悦之中。其实，尼普戴尔的这种奇思妙想又何尝不是教派歧视的表现呢。

如果就教派歧视的问题继续纠缠下去，最后难免又陷入教派间的互相攻讦，你来我往，永远也没有尽头和结论。明希看似给韦伯命题挖了一个陷阱，但没想到的是猎人和猎物居然一起掉了进去。

除了否认新教伦理在催生资本主义精神方面具有区别于其他宗教伦理的独特性之外，富兰克林作为新教禁欲主义伦理观代表人物的身份也受到了质疑。丹尼尔·贝尔指出，虽然富兰克林确实节俭而又勤奋，但如果说他的成功是源自于此，那显然是被他"不无狡猾性，甚至欺骗性"的说教格言和励志故事给迷惑了。"他的成功，一如许多正派美国佬的成功，来自于他结交权贵的手腕，高超的自我宣传本领以及从他本人身上及其著作里反映出来的魅力和智慧。"[4]德国哲学家弗朗茨·布伦塔诺(Franz Brentano)也认为富兰克林远非他的作品里塑造的那种道德楷模，他不过是一个唯利是图的机会主义者而已，如果赚钱不是为了

---

1 〔美〕哈特穆特·莱曼，京特·罗特编，阎克文译：《韦伯的新教伦理：由来、根据和背景》，辽宁教育出版社2001年版，第56页。

2 乔治·冯·赫特林伯爵是哲学家和德国国会议员，1917年为德国首相。1896年，报纸上发表了几篇调查研究报告，认为在中学和大学就读的天主教徒少的不成比例。针对这种情况，身为天主教代言人的赫特林伯爵不仅不加以反驳，反而谦逊地承认了天主教在教育方面的不足，称之为天主教徒中的高等教育"赤字"。

3 赫尔曼·施奈尔是天主教神学教授，在1897年发表的《天主教：进步的原理》中提出了一个著名的说法：天主教徒的"劣根性"。

4 〔美〕丹尼尔·贝尔著，赵一凡，蒲隆，任晓晋译：《资本主义文化矛盾》，生活·读书·新知三联书店出版社1989年版，第105页。

享受、声望、权力甚至为赚钱而赚钱，剩下的不过是一个虚伪的道德格言。[1]

最近一次对韦伯造成实质性威胁的驳斥是马尔科姆·麦金农(Malcolm H. MacKinnon)在《英国社会学杂志》上发表的文章。他在文中不仅措辞激烈地批评了韦伯在《新教伦理》中使用的方法论，而且对韦伯的人品进行了攻击，他声色俱厉地指责韦伯“既拙劣又不诚实”。[2] 麦金农主要从以下两个方面对韦伯命题发起了挑战：第一，清教契约神学[3](Covenant Theology)是否存在韦伯所说的关于得救的证据危机；第二，教义和牧师规定的“劳动”究竟是指尘世的辛劳，还是精神的义务。

首先，麦金农认为，清教的契约神学根本不存在韦伯所谓的证据危机。虽然加尔文的预定论的确使得对获救人群的甄别具有不可知性，从而导致信徒对自己恩宠状态的焦虑，但是加尔文主义在引入契约神学之后，就与预定论分道扬镳，因此，清教在个人获救的可能性与方式方法上有着可靠的保障和绝对的确定性。麦金农还进一步指出，作为韦伯十分倚重的加尔文主义的巅峰之作，《威斯敏斯特信纲》实际上体现的是契约神学的精神，它消除了预选论和证据危机，用“人类中心说”取代了“上帝中心说”。它宣称，信徒可以依靠善行和内省来获得永恒的选召——“那真信主耶稣，诚心爱他，努力用无亏的良心行在他面前的人，在今生便可以确知自己以处于恩典之中，并且可以欢欢喜喜地盼望上帝的荣耀，这盼望永不会使他们羞愧。”[4] 根据麦金农的推论，既然预定论

---

1 〔美〕哈特穆特·莱曼，京特·罗特编，阎克文译：《韦伯的新教伦理：由来、根据和背景》，辽宁教育出版社2001年版，绪论：第19页。

2 〔美〕哈特穆特·莱曼，京特·罗特编，阎克文译：《韦伯的新教伦理：由来、根据和背景》，第258页。

3 指上帝与人立约，双方共同遵守约定。人只要信仰上帝，就算履行了契约，而上帝的责任就是拯救信仰者。契约神学的巧妙之处在于，它一方面保证上帝按照自己的意愿选择获救的人群，同时保证他一定会选择那些达到了条件的人。

4 “Of Assurance of Grace and Salvation”, *The Westminster Confession of Faith*, Section I Chapter XVIII.

已经被推翻，那么韦伯的得救焦虑说与心理补偿说随之瓦解，同时，世俗职业的宗教合法性也荡然无存。

在此前提下，麦金农给出的第二个问题的答案也呼之欲出，即清教文献里的劳动与尘世的活动毫无关系，而是一些需要服从律法的精神活动。为了证明自己的结论，麦金农列举了珀金斯的观点和《威斯敏斯特信纲》的训谕："上帝在圣经中所吩咐的那些事才是善行；没有圣经根据，只是因着人盲目的热心，或者假借善良的意图而由人所虚构的事，并非善行。"[1]在他看来，世俗的职业只是自然规律，不仅不能对信徒的获救作出积极的贡献，而且从精神上来说，它还具有双重的危险性：信徒舍弃世俗职业，违背了"不劳动者不得食"的圣典；或者沉溺于世俗劳动，忽视了具有决定意义的精神活动。因此，麦金农认为，韦伯选择了这样一个对获救毫无帮助、甚至可能导致罪孽的工具来证明自己的因果逻辑，实在是"一个令人齿冷的嘲弄。"[2]

在麦金农的论证中，作为韦伯立论基础的预定论丧失了其稳固的地位，捎带着连他对清教工作伦理的阐释都变得毫无价值。然而，麦金农的洋洋自得很快就遭遇了反击。戴维·札雷特 (David Zaret) 和卡斯帕尔·格雷耶兹等纷纷撰文提出质疑。

札雷特提出，清教契约神学的内涵相当复杂，而麦金农却偏狭地选择于己有利的论述进行引证，主观夸大了契约神学的影响力。在谈到加尔文教义与清教契约神学的区别时，麦金农对二者进行了完全对立的划分，他认为，加尔文教义是一种决定论 (Determinism)，而契约神学则是唯意志论 (Voluntarism)，因此，契约神学彻底摆脱了加尔文的预定论，以及由此引起的焦虑，"给了堕落之人彰显上帝秘密旨意所必需的意志力和理解力"，[3]只要遵行符合契约的规条，就可以获得救赎。但是，

1 "Of Good Works", *The Westminster Confession of Faith*, Section I Chapter XVI.

2 〔美〕哈特穆特·莱曼，京特·罗特编，阎克文译：《韦伯的新教伦理：由来、根据和背景》，辽宁教育出版社2001年版，第230页。

3 〔美〕哈特穆特·莱曼，京特·罗特编，阎克文译：《韦伯的新教伦理：由来、根据和背景》，第282页。

札雷特直截了当地否定了麦金农的划分方式，并且提出了相反的见解："我认为，正确地说法应当是，加尔文教义在一定程度上是一种唯意志论，而更重要的是，清教的契约神学在很大程度上是一种决定论。"[1]"契约神学既没有削弱预定论以使人类自由选择通往天国之路，也不支持恩宠乃'意志的产物'这一'彻底唯意志论的'观念。"[2]他接着引用了契约神学家理查德·西贝斯、珀金斯、以及威廉·阿姆斯 (William Ames) 的话证明，上帝的恩宠并不取决于人的意志和愿望，而是上帝随心所欲的拨弄，获救的主导权仍然掌握在上帝的手中，不以人的意志为转移。人的主观能动性受到了预定论的严格限制。札雷特认为，麦金农之所以推导出错误结论，是因为清教教义往往试图兼顾契约和恩宠，在称赞信徒的宗教主动性时，牧师会强调唯意志论的一面，意指上帝与人类之间的双向契约，而在其他一些背景下，又会侧重阐述预定论，转向对契约的单方面要求，麦金农在论述材料的背景取舍上显然出现严重偏差。至于清教工作伦理的问题，札雷特在列举了大量的材料后指出，麦金农在论证时存在过度推论的问题。虽然清教牧师都认同宗教劳动优于经济劳动，并且警告世人不可因为过分关注世俗职业而忽略精神关切，但是并不能由此就推导出世俗劳动不重要。因此，麦金农全然不顾相反证据，一意孤行得出的结论根本谈不上什么可信度。

既然契约神学仍然是以决定论为主导，那么宗教焦虑和证据危机就无法一笔勾销。为了证明这一点，札雷特和格雷耶兹同时指出了麦金农在资料文本选取上的失误，他们一致认为麦金农选取了过于艰深的正式著述来解释教义，而没有考虑到这些教义在平信徒中的实际传播与接受情况，因此，有必要自下而上、而不是自上而下地观察清教教义在当时社会中的实际影响和作用。作为正式著述的补充，自传、传记、书

---

1 〔美〕哈特穆特·莱曼，京特·罗特编，阎克文译：《韦伯的新教伦理：由来、根据和背景》，辽宁教育出版社 2001 年版，第 273 页。

2 〔美〕哈特穆特·莱曼，京特·罗特编，阎克文译：《韦伯的新教伦理：由来、根据和背景》，第 279 页。

信、日记以及司法记录等文献在检验教义对平信徒的日常行为和心理的影响方面意义重大。札雷特以奥利佛·克伦威尔和尼赫迈亚·沃灵顿为例，说明对恩宠状态的焦虑以及与罪孽感的长期斗争是当时清教徒的普遍经历。格雷耶兹更是在搜集、整理和分析了大量原始资料后指出，宗教焦虑感确实在16、17世纪普遍存在，但他否认这种焦虑感与预定论或者契约有关，而是当时的高死亡率使清教徒（包括一些非清教徒）认识到生命岌岌可危，仿佛一切都已死到临头。格雷耶兹研究发现，随着时间的推移，预定论的地位逐渐下降，契约神学虽保持影响力，但并不突出，反而是特别天命说[1](Special Providence)占据了主导地位。特别天命说改造了加尔文主义的上帝形象，“原本不可思议的、神秘的加尔文的上帝，转而成为非常平易近人、最终甚至是可以计算的慈父般的形象。”[2]它有助于销蚀预定论对教徒的控制，使上帝的意志成为“可以计算的实体。”[3]但这并不意味着体系化的生活就此消失，因为对特别天命的信仰还包括坚定不移地相信上帝会插手日常事务，并且严惩个人或共同体犯下的罪行，所以信徒在日常行为中力求虔诚，在精神生活中追求完善，以此博得上帝的青睐——“由于相信上帝对今世有着日常的干预，而只要这些干预被认为既有奖赏也有惩罚，人们就必须去追求个人和集体的净化，以免上帝不快并博取他的恩宠。”[4]最后，格雷耶兹得出结论，预定论并不是体系化生活的主要成因，但由预定论到特别天命教义的转变，教义间相互的影响，以及当时的背景，使得禁欲主义成为新教的一个方面，从而意外成就了韦伯的论证。

综合以上论述，对韦伯命题的争论之所以长盛不衰，一个非常重要

---

1 指相信上帝会插手人的日常生活。与预定论相反，相信今世就会出现上帝的特别天命，通常意味着相信恩宠的普遍性，即上帝的恩宠人人可得，而不只是那些被选定得救的人。

2 〔美〕哈特穆特·莱曼，京特·罗特编，阎克文译：《韦伯的新教伦理：由来、根据和背景》，辽宁教育出版社2001年版，第303页。

3 〔美〕哈特穆特·莱曼，京特·罗特编，阎克文译：《韦伯的新教伦理：由来、根据和背景》，第300页。

4 〔美〕哈特穆特·莱曼，京特·罗特编，阎克文译：《韦伯的新教伦理：由来、根据和背景》，第304页。

的原因就是新教教义概念的高度复杂性和歧义性。不仅展现在宗教文献正著里的教义常常自相矛盾，就是平信徒对教义的理解和接受也有千差万别，更不要说从新教教义中衍生总结出来的新教伦理了。选材的不同往往能够推导出相异、甚至截然相反的观点，韦伯与麦金农对《威斯敏斯特信纲》的利用就是一例。韦伯曾强调，纯粹的文本学说无法改变世界，在这一点上，他赞同耶利内克的观点："单靠文献决不会产生任何东西，除非能在历史与社会环境中找到适于它发挥作用的地方。人们在发现一种观念的书面来源时，决不会立刻就能发现有关它的实践意义的记录。"[1] 但是，他在文本的选择上似乎并没有完全遵循这个原则，而是将佐证材料过多地集中于预定论所产生的救赎焦虑，对教义在信徒身上的实际转化和表现所涉不多，这无疑是韦伯在材料处理上的一个瑕疵。幸亏他的支持者和辩护者利用更加广泛的材料弥补了这一不足，确认了新教伦理在日常劳动义务化方面发挥的作用。无论各行各业、各家各派对韦伯命题做出了多少种五花八门的反应，韦伯对社会学的贡献是有目共睹的，他确立了宗教在社会经济学上的地位。他的宗教社会学帮助人们认识到，新教教义透过一套完整的宗教世界观，对社会经济产生了某种独立的、非预期的深远影响，唯物主义不是解释社会发展的唯一途径。

---

1 〔美〕哈特穆特·莱曼，京特·罗特编，阎克文译：《韦伯的新教伦理：由来、根据和背景》，辽宁教育出版社2001年版，第27页。

第二章　工作、地位与成功

18世纪中叶，清教神权统治在“大觉醒”(the Great Awakening)运动结束后彻底走向没落，自由平等、自力更生的个人主义思想被普遍接受。与之相应的是，清教工作伦理脱去了宗教的外衣，逐步发展成以勤俭节约为手段，以经济成功为目标的工作伦理。这一工作伦理在本杰明·富兰克林(Benjamin Franklin)身上和当时的美国儿童文学作品中都得到了充分的体现。

第一节　告别神圣：清教工作伦理的世俗化

在清教工作伦理体系中，财富是至关重要的环节，但也是异常薄弱的环节。教徒们一方面接受勤劳致富的告诫，节制自己蠢蠢欲动的享乐欲望，另一方面又得小心谨慎地审视自己的灵魂，严防被邪恶的玛门趁虚而入。既要竭力聚财，又要确保不爱财，其中的苦处与矛盾或许只有真正的清教徒才能体会。实际上，即便是最有威望、知识最渊博的牧师也没法胸有成竹地在二者间划出一条泾渭分明的界限，明确哪些是有罪的行为，哪些是正义的行为。当康涅狄格的农民不再满足于自给自足的经济形式，通过在市场售卖剩余农产品的方式来增加财富、改善生活时，科顿·马瑟不由地悲叹，连农民都被世俗的诱惑迷乱了双眼，他们甚至懂得在遭遇批评时理直气壮地用“圣召”为自己辩护。他担心民众陷入罪恶的渊薮，痛斥贪婪的可耻与卑劣，直指其为新英格兰之最大威胁，连蒙召者都有受害之虞。但是，为了不打击人们劳动的积极性，他又转而澄清“渴望财富、追逐财富、感谢财富并不会给我们打上贪婪的印记，”[1]除非人们重视财富甚于上帝。可见，适度追求财富是神圣而合理的，只有过度才是贪婪，正所谓过犹不及。然而，关于“过度”的定义也是模糊不清的。清教牧师约瑟夫·休厄尔（Joseph Sewall）在《反贪婪》中将贪婪定义为“过分关注获得，过分恐惧失去，过分看重俗世财物，”[2]但他最终也没能就“适度”和“过度”做出具体区分。

对财富模棱两可的解释往往让民众感到无所适从。尽管渴望获得上帝认可的想法鞭策着人们辛勤劳动，勤俭持家，积攒财富，但是，慎越雷池的警告又让他们举步维艰。1663年的一次布道这样告诫人们：“新英格兰要永久记住它的创建目的在于宗教，而不在于商业。人们在前进中要坚持清教徒的教义和纪律。因此，商人和一个铜板一个铜板攒钱的人也不要忘记，创建这些殖民的目的在于宗教，而不在于金钱。如果我们当中有人在评价世界和宗教时认为世界值13，而宗教只值12，那么，这个人就没有新英格兰的真正男儿的情感。”[3]罗伯特·凯恩的教训近在眼前，他在遗作《罗伯特·凯恩的忏悔：一个清教商人的自画像》中表现出来的内心痛苦的挣扎、困惑与矛盾让人们印象深刻。

在17世纪的大部分时间里，这种瞻前顾后的心态在民众中并不普遍，主要因为正统的清教神权在新英格兰地区仍处于绝对的统治地位，而且早期的清教移民在社会地位与经济条件上差距并不大。然而，几乎自殖民地建立之初，清教就不断遭遇来自外部和内部的挑战。在应对挑战的过程中，它不得不一再地收缩防线，最终，宗教成分被逐渐淡化，演进成一种世俗的人文主义思想或者意识形态。清教工作伦理也随之褪

1 Richard L. Bushman, *From Puritan to Yankee: Character and the Social Order in Connecticut, 1690-1765* (New York: W. W. Norton & Company Inc., 1967), 24.

2 Joseph Sewall, *A Caveat against Covetousness: In a Sermon at the Lecture in Boston* (Boston: printed by B. Green, 1718), 3.

3 〔法〕托克维尔著，董果良译：《论美国的民主》，商务印书馆1988年版，第497—498页。

去了神圣的外衣，发展成以勤俭节约为手段、以积累财富为目标的世俗工作伦理。

清教神权在其建立之初就不乏来自于外部的挑战者，其中，罗杰·威廉斯 (Roger Williams) 和安·哈钦森 (Anne Hutchinson) 是最出名的两位。威廉斯主张信仰自由和政教分离。虽然一个多世纪之后美国宪法确立了这两大宗教原则，但这种思想与当时马萨诸塞具有排他性的清教正统格格不入。威廉斯及其追随者被迫出走普罗维登斯，与其他被放逐者建立了罗德岛殖民地。哈钦森夫人则坚持唯信仰论 (Antinomianism)，即圣灵在每个人心中，个人可与上帝直接沟通，并按照自己的意愿理解《圣经》。她尊奉"天恩之约"[1](Covenant of Grace)，否认理性的作用，认为只有上帝能够决定人类救赎而非人类自身行为。这显然有违清教教义。首先，清教教义指出，上帝在完成《圣经》之后便断绝了与人类的直接交流，人们只能借助《圣经》来了解上帝的意愿；其次，虽然清教徒也信奉"天恩之约"，但他们同时承认个人行为的作用，主张立下"天恩之约"的信徒过道德圣洁的生活，遵守外部的规则和戒律。为了避免纷争，哈钦森夫人被逐出了马萨诸塞殖民地的管辖范围。

除了来自个人的挑战，其他教派的入侵更加危险。作为清教的核心阵地，马萨诸塞具有很强的封闭性和排他性。为了保持教会的纯洁，当殖民地内部出现"异端"，他们往往一逐了之，反正殖民地多得是广袤的土地，这些人完全可以在别处尽情地释放自己的宗教热情，进行宗教理想的试验。然而，随着越来越多的教派进入殖民地并不断壮大，以及各个殖民地之间交流的增多，马萨诸塞自成一体的封闭社会难以为继。特别是浸礼会和贵格会，这两个教派均有殖民地作依托，发展迅速，对清教影响较大。浸礼会在北美的发展始于实行宗教自由政策的罗德岛，

1 上帝与人之间订立的约定，是契约神学的一部分。指的是上帝会赐恩典于一部分人，使他们有力量保持对上帝的信仰。得不到恩典就不能获救。

但很快，浸礼会的信徒就进入马萨诸塞布道，要求马萨诸塞当局实行宗教宽容政策，遭到拒绝。在之后的三十年间，浸礼会一直不断地努力，终于在1682年正式获得马萨诸塞大议会的承认。

相较于浸礼会温和的渗透，贵格会以一种十分激进的方式发起了对清教神权的正面进攻。贵格会的信徒具有狂热的宗教热情，以殉道为最高荣誉，渴望以死来证明对上帝的真诚。他们怪异的行为和疯狂的举动在注重秩序等级、克己制欲的清教徒看来简直不可理喻。当坚定的清教徒遇到更加坚定的贵格会信徒，结局只能用惨烈来形容。从1656年贵格会信徒首次将“内心之光”[1](Inner Light)带到马萨诸塞开始，马萨诸塞当局就针对贵格会制定了一系列严厉的惩罚措施。但拘捕、鞭打、驱逐、甚至割耳都没能阻止贵格会信徒殉道的热情。他们经常在受到惩罚之后稍事休整，又重返马萨诸塞。面对这些矢志不渝的殉道者，马萨诸塞当局几乎束手无策，最终在1658年决定对顽固的贵格会信徒施以极刑——绞刑。但当局显然低估了贵格会信徒殉道的决心。第二年，又有三个狂热者被送上了绞刑架。1661年，第四位贵格会信徒被处以绞刑之后，英王查理二世进行了干涉，以制止进一步的屠杀。同年，新法案通过，鞭打和驱逐代替了死刑。马萨诸塞时任总督恩迪科特事后无奈地表示，这些贵格会信徒并不是因为他们的宗教信仰而被处以极刑，而是因为他们过于自以为是，且屡教不改，唯有死亡才能让他们停止。美国历史学家丹尼尔·布尔斯廷(Daniel J. Boorstin)也证实了贵格会信徒的殉道决心。他说，不是清教徒主动去找贵格会信徒的茬，而是贵格会信徒自己送上门来挨罚。[2]虽然贵格会没能像浸礼会那样在新英格兰发展壮大，但贵格会信徒们异常坚定的信念，以及悲壮激烈的行为给清教徒们留下了深刻的印象。

---

1 贵格会的信徒相信每个人都有“内心之光”，它是“种子”和“基督的灵”，故而每个人都可以借助内心的“种子”和“灵光”识别真理，接近上帝，获得正确的指引。因此，该会强调人性中的善，不重视“原罪论”。

2 Francis F. Bremer, *The Puritan Experiment: New England Society from Bradford to Edwards* (Hanover: University Press of New England, 1995), 155.

来自母国——英国——的压力也沉重打击了马萨诸塞的清教徒们。在共和政体时期，宗教信仰自由的想法在英国得到普及，马萨诸塞体制的严酷性受到英国许多清教徒的批评。查理二世也明白表示，他不喜欢波士顿寡头政治的做法。“光荣革命”之后，英国在公民权利的维护上又前进一步，出版自由、司法独立、政教分离等现代社会原则已初具雏形或确立。相比之下，殖民地神权统治的做法具有明显的中世纪特征，而且与母国的法律相违背。一些心怀不满的人将清教政府告上英国，指责其利用教会会员资格剥夺了他们作为英国公民的政治权利，这直接导致了马萨诸塞独立自治地位的丧失。1691 年，英王宣布马萨诸塞为皇家殖民地，总督不再由选举产生，改由英王任命，并授予总督否决议会法律的权利，同时要求实行宗教宽容，禁止以宗教信仰限制选举资格。王权和宗教宽容打破了清教在新英格兰政治和思想领域的垄断，正统的清教神权瓦解。清教徒在北美建立“山巅之城”的梦想落空了。历史学家达雷特 · 拉特曼（Darrett B. Rutman）认为，“山巅之城”这种“中世纪梦想”的破灭，意味着“现代社会”在波士顿的诞生。[1]

事实上，清教世俗化的道路是不可避免的，这不仅由于来自于外部的威胁，还有新英格兰殖民地自身发展变化的因素以及宗教组织内部的缺陷。随着清教殖民地的生活日益稳定，人口和经济发展非常迅速。据统计，从 1660 年到 1720 年，新英格兰人口每年增加 74% 左右[2]，其中既有新英格兰早期殖民者自然的人口繁衍，也有大量来自欧洲的新移民。人口的增多势必带来一系列的问题，例如土地的供给出现明显压力，市镇规模扩大不便于管理，新老移民之间俗事的纷争也层出不穷。特别是新移民大多来自爱尔兰、苏格兰和德意志等国家，他们的宗教信仰与信奉加尔文主义的清教徒有着明显的区别，宗教不再是团结居民、凝聚人心的有效手段，甚至成为纷争的来源。

1 李剑鸣：《美国的奠基时代：1585—1775》，人民出版社 2001 年版，第 122 页。

2 R. C. Simmons, *The American Colonies: From Settlement to Independence* (London: Longman, 1976), 98.

然而，更大的冲击来自于清教徒的宗教组织内部。马萨诸塞的法律规定，所有居民都必须上教堂、虔敬上帝、遵从牧师，但清教教会的会员资格仅限于上帝“可见的圣人”[1]。为了保持教会的纯洁，会员申请必须经过严格的审核程序：首先得获得教会长老的认可，然后在全体会员面前亲自宣布其再生的信仰，经过全体会员的一致同意，方可被接纳为会员。此外，申请者还需熟知信仰的内容，能从圣经中引经据典。[2] 17世纪中叶，以温斯罗普、约翰·科顿和托马斯·胡克为代表的第一代移民先后离世，新英格兰失去了一批秉持建立“山巅之城”信念的最坚定的灵魂人物。到了第二代，清教领袖们发现越来越多的年轻人无法通过严格的会员资格审核。年轻的一代没有经历过父辈所遭受的宗教纷争和迫害，对他们竭尽全力争取来的会员资格不甚在意。更何况今非昔比，殖民地的生活条件有了很大的改善，世俗情绪不断滋生。据统计，在第二代移民中，正式的会员只占四分之一。[3] 但问题是，如果他们不是会员，他们的子女就没有资格受洗，未受洗之人长大之后便不能成为会员，如此下去，形成恶性循环，最终将导致清教政权的瓦解。为了应对清教正统后继乏人的尴尬局面，清教领袖不得不降低标准，设计出“半途契约”(Half-way Covenant) 的方案。该方案规定，凡是在婴儿时期受过洗礼的人，以及在生活上循规蹈矩的人，都可以被视为教会的成员，他们的子女均可受洗。这些“部分会员”享有正式会员大部分的特权，其中包括选举权，但不得参加圣餐礼。[4]“半途契约”在一定程度上延缓了清教正统的衰落，但其后果也是严重的。它进一步加剧了清教正统内部的

---

1 加尔文神学的预定论原则规定，一个人是否得救，上帝在其出生之前便已决定，与个人的努力毫无关系。被上帝选择蒙受天恩者是真正的圣人，只有上帝知晓，所以被称为“不可见的圣人”。真圣人虽不为人知，但必有一些可供判断的外部标志，符合外部标志的人便是现实生活中的圣人。但这毕竟是世人的猜测，而非出于上帝的明示，所以被称为“可见的圣人”。

2 钱满素：“清教神权的‘半途契约’——新英格兰殖民史片断，”《社会科学论坛》，2002 年第 4 期，第 8—9 页。

3 王秀美：《基督教史》，江苏人民出版社 2006 年版，第 233 页。

4 〔美〕纳尔逊·曼弗雷德·布莱克著，许季鸿等译：《美国社会生活与思想史》(上)，商务印书馆 1994 年版，第 107 页。

分裂。而且，一些动机不纯的人将“部分会员”资格作为获得土地和政府职务的手段。最为致命的是，一步退让导致步步退让，清教正统的防线不断后撤。在施行“半约”之后不久，对圣餐礼的限制也逐步放宽。

尽管“半途契约”暂时解决了教会的存续问题，但教会却再也难以回复到往昔的凝聚力与影响力。面对此情此景，一些牧师不由哀叹世风日下，人心不古。威格尔斯沃斯 (Michael Wigglesworth) 牧师悲痛地说“上帝与新英格兰有了过节”。其实，世易时移，当清教领袖偏离与上帝所立之约，降低曾经的严苛标准时，当他们不得不改变原则去适应外部环境的变化时，当他们被迫走出封闭的壁垒面对日益复杂的社会时，他们也就亲手将清教送上了没落之路。

17 世纪的最后几年里，清教主义上演了最后的狂热，人们在塞勒姆女巫事件中表现出来的不理智和歇斯底里严重地损害了这个宗教团体的信誉，甚至连部分清教徒都质疑清教是否能够完成肩负的“荒原使命”。从 1692 年事件开始到 1693 年结束，超过 150 人被投入监狱，19 人被判绞刑。女巫事件反映了新英格兰人对日益恶化的内外环境的不安与担忧，是焦虑情绪的一次集体宣泄。虽然对所谓女巫的审判由世俗法庭承担，但新英格兰政教合一的体制让教会也难辞其咎。面对那些轻易就被煽动起来的民众，教会表现出的怯懦甚至推波助澜着实令人失望。此后案件主审法官之一塞缪尔 · 休厄尔 (Samuel Sewall) 法官在会众面前公开表示忏悔和羞愧也未能挽回教会的声誉。此次事件充分说明清教正统对社会思想已经丧失了掌控能力。“这是新英格兰历史上一个关键的转折点——旧的宗教观念遭到质疑，而新的世俗观念逐渐形成。因此，这场巫术幻想也更常被看作是深刻的文化变革的开始。”[1]

随着清教统治被永久性地打破，新英格兰的宗教气氛变得淡薄，人们生活中的宗教取向也趋于弱化，相对地，对世俗利益的热情得到释

1 〔美〕萨克文 · 伯科维奇编，蔡坚译：《剑桥美国文学史》（第一卷），中央编译出版社 2008 年版，第 161—162 页。

放。人们向往更多的财富以及更大的世俗兴趣，宗教热情的衰落已成定局。从周遭的经济环境来看，自新航线开辟，世界进入全球时代，为自欧洲萌生的资本主义提供了广阔的市场。在英国，资产阶级革命历经近半个世纪的斗争，最终以“光荣革命”的形式取得了胜利，为资本主义经济发展提供了保证。在日益强大的物质力量和科学发展面前，以侍奉上帝为核心的中世纪神学被迫退却，人们的注意力从追求救赎逐步转移到获取财富。受英国影响甚大的北美殖民地不可避免地卷入了这股经济浪潮中。17 世纪末期，殖民地经济的发展与扩张给越来越多的农民和商人带来获利的途径。买卖土地，做点小生意，或者投资往来于西印度群岛的商船都能获得丰厚的利润回报。新英格兰在伐木、造船、冶铁、捕鱼等行业发展迅速，创造了远胜以往的致富良机。经济活动成为新英格兰居民的主要社会活动。面对物质利益的诱惑，人们不再不厌其烦地纠缠于“适度”、“过度”、“正义”、“邪恶”，毕竟财富也是上帝恩宠的外在表现。神学的吸引力与财富相比日益黯淡，一位契约奴不禁抱怨自己的主人像是钻到了钱眼里：“他所有的精力都用在追逐世上的那些好东西身上了；财富是他的最高目标。恐怕金子才是他的上帝。”[1] 著名清教牧师理查德 · 马瑟 (Richard Mather) 感叹道：“经验证明，世俗事务很容易让人忽视宗教生活和宗教力量，吞食宗教的内核，消耗虔诚的灵魂和生活，徒留宗教的躯壳。”[2]

面对趋于“恶化”的社会风气和日渐“堕落”的灵魂，清教牧师不可能袖手旁观。他们感叹自己的“荒原使命”难以为继，痛斥民众的拜金行为，对于民众眼中只有土地、金钱和股票的现象痛心疾首，焦灼万分，批评人们不拜上帝、拜玛门的危险之举。但是，一本正经的谴责往往被当作生硬无趣的日常说教，经常是左耳进，右耳出，除了偶尔能在

---

1 Richard L. Bushman, *From Puritan to Yankee: Character and the Social Order in Connecticut, 1690-1765* (New York: W. W. Norton & Company Inc., 1967), 189.

2 Perry Miller, *The New England Mind: From* Colony to Province (Cambridge: Harvard University, 1953), 4.

人们的心湖泛起一丝愧疚的涟漪外，效果并不明显。人们发现自己越来越难以把礼拜日的教义与工作日的经验协调起来。

从社会思想上来看，18 世纪是一个理性力量大于宗教感情的时代。欧洲的自然科学巨匠与思想伟人极大地促进了基础知识的进步，并在启蒙运动的推动下逐步形成了以笛卡尔为代表的人本主义思潮，以及以洛克为代表的科学主义思潮。无论是以理性为中心的人本主义，还是以经验为中心的科学主义，它们强调的都是人类理智的力量。虽然二者皆不反对上帝本身，但一个合乎理性的上帝总比一个难以捉摸的愤怒上帝要亲切得多。北美殖民地在头两百年里并没有做出任何可以与欧洲媲美的科学成就，但这并不妨碍殖民地的有识之士从舶来的新科学和新思想中寻找智力方面的刺激。他们相信，人类进步的伟大新时代已是触手可及。在这个新时代里，人类即将利用理智建成一个完善的社会。日益增长的人道主义和对新科学的兴趣结合起来，直接导致了 18 世纪许多思想家对加尔文主义意义深远的反叛。

一些牧师开始表现出当时在英国流行的、有自由主义倾向的阿明尼乌主义 (Arminianism) 的影响。它否定了加尔文主义的预定论，认为各人得救与否，虽早为上帝所“预知”，却并非由上帝所“预定”，人们对自己灵魂的获救并非无能为力，而是有足够的自由意志，可以通过悔过自新的方式迎接上帝的召唤。这一点在乔纳森·梅休[1] (Jonathan Mayhew) 的布道里体现得尤为明显。他把上帝描绘成“仁慈的和忠实的造物主；有同情心的父亲；温柔的主人”，[2] 相信上帝提供了普世救赎的机会，对信奉上帝、接受上帝恩典的人，上帝必定会救他于水火，只有那些抗拒恩典的人才会万劫不复。也就是说，某些人的堕落并非出自天命，而是上帝的容许。上帝赐予人类自由意志之后，便作了自我限制，不再操控人的自由意志，他也无法防止人类可能发生的堕落光景。

1 1747 年至 1766 年间任波士顿西教堂的牧师，曾语出“无代表，不纳税”的名言。

2 〔美〕纳尔逊·曼弗雷德·布莱克著，许季鸿等译：《美国社会生活与思想史》(上)，商务印书馆 1994 年版，第 146 页。

因此，人的得救是上帝的完全恩典与人的自由意志的抉择共同作用的结果。虽然梅休主张“神人合作说”，但是他强调，救恩的主动权仍然掌握在神的手中，人本身并没有可以自救的信念，也没有自由意志的能力，他需要依靠神的“先行恩典”才能在意志上表现出向善的能力。而且，因为神的“先行恩典”赐予人区别是非的“良心”，以及能够理解自然界道德法律的推理能力，所以人类有趋善避恶的义务。如果信徒不能凭借持续的信心来确保自己常沐恩典，一样会沉沦灭亡。这有别于加尔文主义的“一次得救，永远得救”的教义。比较起来，加尔文主义者重视上帝超然的主权，强调“预定”的重要性，他们从永恒性来思考“神的天命秩序”；阿明尼乌派则强调基督的救赎、神的爱和人的责任，所以从人类时间中“神的自限”来解释，侧重其实在性和自由意志的重要性。因此，梅休说：“称呼我们为好人和好的基督徒的是，实用的宗教，对上帝的爱，以及从信仰基督和福音出发的正直的和博爱的生活。”[1]

尽管部分教会人士已经开始质疑死气沉沉的加尔文主义，但是他们在讨论神学问题时依然保持谨慎，尽量不去触碰上帝的绝对权威。相比之下，俗人的胆子大了一点，步子也快了一些，尤其是自然神论者，他们直接拒绝《圣经》的权威，不相信神启，把信仰完全建立在人类推理的基础上。他们认为，上帝作为世界的“始因”或“造物主”，在创世之后便不再干预天地万物，而让宇宙按照永恒的规律运行，因此，所谓的奇迹是无稽之谈，祈求上帝给予特殊恩惠的祷告也不可能得到上帝的回应。本杰明·富兰克林早在1728年就写了关于自然神论的小册子，一些独立的思想家也表现出类似的倾向，但直到独立战争前后，自然神论才开始广为传播。

针对清教的一系列神学挑战不可避免地对普通教众的日常生活产生了影响。随着人们更多的物质追求，以及较之以往更为宽松的宗教环

---

1 〔美〕纳尔逊·曼弗雷德·布莱克著，许季鸿等译：《美国社会生活与思想史》（上），商务印书馆1994年版，第146页。

境，反抗权威、无视律法的行为在新英格兰并不鲜见。无地农民敢于同有地者争抢土地，商人要求拥有货币的使用权，教会成员反对扩大牧师权力，等等。康涅狄格河以东是康涅狄格经济发展最快的地区，混乱的状况也最为严重。经济的快速发展让市镇居民义无反顾地投身于个人经济利益的争夺，原本的社会秩序和宗教领袖都被抛诸脑后。以集体主义为基础的清教社会要求移民们必须将集体利益放在个人利益之上，在必要的时候要准备为集体贡献出一切。温斯罗普更是一再强调，他们要发扬兄弟情谊，全体拧成一股绳。然而，如今看来，曾经坚不可摧的共同体似乎已经岌岌可危，人们的宗教冷漠更是让人震惊，他们的目光似乎只及于现世，现在迫切“需要一次‘觉醒’来治愈社会的创伤和拯救堕落的灵魂”。[1] 18世纪30年代，一场荡涤心灵的宗教“大觉醒”在殖民地轰轰烈烈地爆发开来。

“大觉醒”运动是一场自上而下的宗教复兴运动，由信仰复兴思想的牧师发起，得到了广大底层群众的狂热响应。启蒙运动对人类理智的强调和倚重使得宗教愈加趋于理性，缺乏激动人心的热情，这一点在相信宗教关乎心灵、无关头脑的牧师中遭到强烈的反对，他们希望在心灵和感情层面重新激发起人们对上帝的敬畏和宗教热情。他们在布道的过程中主动回避枯燥无味的自然科学和逻辑推理，用直白生动的语言慷慨激昂地描绘上帝至高无上的权威和罪人在地狱接受永世惩罚的悲惨情境，并伴有各种激烈的动作，手舞足蹈，大喊大叫，充沛的感情深深地打动了普通民众。当“烈火与硫磺的传道人”爱德华兹站在高高的布道坛上，激情澎湃，目光如电地看向远方的时候，顷刻间似乎电闪雷鸣，所有的聆听者都觉得自己就是上帝手中的蜘蛛，随时都有被熊熊烈火吞噬的危险，于是，皈依自是水到渠成。这种带有明显恫吓意味的布道不一定能打动善于理性思考之人，但是对牛顿无感的普通信众需要一种更

1 Richard L. Bushman, *From Puritan to Yankee: Character and the Social Order in Connecticut, 1690-1765* (New York: W. W. Norton & Company Inc., 1967), 183.

为直接的方式宣泄自己的宗教热情。

另一方面，信众的皈依热情之所以如此强烈，归根结底在于他们内心深处挥之不去的负疚感。不论是对金钱的追逐，还是同宗教或世俗权威的对抗，都违背了传统的清教教义。清教徒建立的是一个政教合一的等级社会，政权和教权都由上帝赋予，由上帝指派的领袖加以行使。因此，对世俗权力的恭顺实际上就是对教会权力的恭顺，就是对上帝的恭顺。同样，反抗权威也就是反抗上帝。如此一来，信众很难在赚取利润的同时不恐惧贪婪，在抱怨教长的时候不愧疚心虚。事实上，这些生活在三、四十年代的信众仍然对他们所属的社会保持着强烈的归属感，几乎没有人是坚定彻底的反叛者。这种罪恶感日积月累，压抑在虔诚的外表之下，只待机缘出现，便喷薄而出，一发不可收拾。

“大觉醒”的浪潮席卷了社会的各个阶层。从富裕的商贾，到高贵的绅士，从知识渊博的专业人士，到目不识丁的普通人，不分男女，不拘老幼，悉数承认了自己的罪孽，皈依者一时如潮水一般。他们接受牧师的劝诫，远离金钱财富和荣誉享乐，一些人在狂热之中甚至聚众将假发、风帽、戒指、耳环等投入火中，以示决心。看着这些俗物化为灰烬，他们的心灵似乎也得到了净化。这些疯癫的极端行为连爱德华兹都认为有些过火。在《论宗教情感》（1746）中，他写道：“一种放纵、草率的狂热，某种程度上的热情悄悄地潜入宗教复兴运动内部，并与宗教复兴混杂在一起。”[1]

“大觉醒”运动在殖民地各处如火如荼地进行，确实唤醒了大批信众的宗教热情，但同时也带来了始料未及的结果。第一，教会内部分裂，派系斗争加剧，这加速了清教的衰落。在运动到达高潮之时，公理会内部阵线分明的“旧光”、“新光”两大阵营之间的斗争也进入了白热化。他们在皈依宗教是责任问题还是感情问题的看法上出现了严重分歧。“旧光”派认为宗教皈依是责任，“新光”派则认为皈依是感情问题。

1 〔美〕海伦·K·霍西尔著，曹文丽译：《爱德华兹传》，华夏出版社 2006 年版，第 86—87 页。

第二，“大觉醒”运动在反对世俗威权，加强个人平等意识，以及推动社会民主化进程方面也发挥了革命性的作用。“新光”派认为，“圣灵”与人的“感情”进行直接的交流，因此，牧师作为“引路人”的身份受到质疑。他们的牧师资质和教会授予的圣职不再是威权的象征，对他们的服从无助于最终的救赎，对他们的反抗亦不会遭致诅咒。上帝才是唯一的裁判者。假使没有天恩，“即便人们美德加身，过着严谨自律的宗教生活，也难逃律法的惩罚，终将陷入沉沦。”[1] 人们得救与否同知识和地位无关，人们现在所要倚靠的是全能全知的上帝。另外，“旧光”与“新光”彼此攻讦，往对方身上“吐口水”的行为不仅没有增加自身的荣耀，反而极大地削弱了教会的权威。一些巡回牧师也常常蔑视传统做法，在没有受到官方牧师邀请的情况下，便擅自召开集会，这显然是对既定权力的挑战。

第三，“旧光”与“新光”的教义之争直接导致了各教派的分裂，但也意外促成了教派间的宽容协作精神和北美国家主义的诞生。对个人内心宗教体验的强调否定了信仰的各种外在形式。既然信仰问题是个人感情之事，那不同的感情产生不同的理解，不同的理解衍生出不同的教派归属和分野也是自然而然的了。虽然各教派看上去各自为政，如同一盘散沙，但是在反宗派论的过程中应运而生的教派论适时充当起了各教派之间的纽带，将各教派紧紧维系在一起。宗派论认为，只有本派是真正代表上帝的教会，例如公理会，其他一概只是异端邪说，因而它具有强烈的排他性。教派论则与之相反，它把所有教派都视为基督教派，只不过是在共同探索基督教真理中的分工不同而已，它体现的乃是一种平等的关系，具有明确的包容性。这种包容性减弱了各派间的派系意识，为各派间的相互尊重、理解和合作提供了基础。从这个意义上来说，“大觉醒”运动促成了以宽容为特征的美国现代宗教的形成。随着“大觉

1 Ebenezer Pemberton, *The Knowledge of Christ Recommended* (New London: T. Green, 1741), 17.

醒”运动的火焰席卷了整个北美殖民地，在信仰复兴的振奋之下，以怀特菲尔德（George Whitefield）和坦南特（Willian Tennent）为首的巡回牧师从一个殖民地转到另一个殖民地，宣讲相同的福音，这无形中帮助形成了北美人民共同的使命感。他们相信上帝是为了某种特殊的原因才挑中北美的，他的千年王国必定建立在北美新世界。正如爱德华兹所说："这个新世界这时被发现大概是因为，上帝在地球上的教会的新的和最光荣的状态可以在这里开始；当上帝创造新的天地的时候，他可以在这里开始一个精神方面的新世界。"[1]

"大觉醒"运动意在复兴清教神权，但事与愿违，它反而加深了宗教的分化以至分裂，极大地冲击了教会权威。循规蹈矩的神学让位于宗教体验，教士也不再依附于教会，而是依赖于公众舆论。那些在狂热中曾经哭哭啼啼、大叫着要洗心革面的皈依者们在热情消退之后又故态复萌。另一方面，它提高了平信徒的地位，为建立符合他们新思想、新身份的社会秩序创造了条件。当清教丧失了17世纪的革命性而转为保守势力时，它衰落的命运已是不可避免，所谓的宗教复兴，只不过加速了这个过程而已。正如佩里·米勒 (Perry Miller) 所说："尽管新英格兰官方的逻辑学、心理学和神学的宏大体系未曾改变，但是其中的内容已经发生了变化。到大迁徙的一百年之后，新英格兰精神已经变得面目全非，即使其当事人也难理解这一过程。"[2]

然而，尽管新英格兰清教教会权威不再，民众的宗教热情也大大减弱，但它长期积累下来的影响并非随之而逝。正如西蒙斯 (R.C. Simmons) 指出的，"这一传统只是退缩而已，它依然存在，那些有心人随时可以利用。"[3] 清教的一些教义作为一种价值体系或者意识形态保留

---

1 〔美〕纳尔逊·曼弗雷德·布莱克著，许季鸿等译：《美国社会生活与思想史》（上），商务印书馆1994年版，第154页。

2 Perry Miller, *The New England Mind: From Colony to Province* (Cambridge: Harvard University, 1953), vii.

3 R. C. Simmons, *The American Colonies: From Settlement to Independence* (London: Longman, 1976), 98.

了下来，以道德要求的形式依然对美国民众的生活保持着影响力。贝尔认为，虽然价值体系通常是松散而不完善的，但当它一旦被纳入特定的法规，构成一套宗教教条、一种明确的契约或者一种意识形态，它就会变成动员社会成员、强化纪律和维护社会控制的手段。一种意识形态与社会运动的早期和谐关系消失之后，并不会因此消亡，它会继承往昔的权威与尊严，仍然长久存在下去，甚至变得更为强大。它早已扎根于儿童的脑海里，成为他们日后生活中的行为和道德准则。[1]

清教的命运是如此，清教工作伦理的命运亦是如此。最初滋养这种意识形态的严苛环境消失很久以后，信仰的力量依然存在，只是方式上发生了变化。随着现代资本主义的发展与美国的世俗化进程，清教体系中的伦理思想褪去了神学的外衣，成为控制人们日常行为的强烈感情与道德准则。清教工作伦理也随之发生相应的变化。与清教工作伦理相比，世俗化后的工作伦理在外在的表现形式上保持不变，仍然以勤劳节俭、禁欲主义为手段，以积累财富为目标。但是，在追求物质财富的目的上有了实质性的改变。前者是为了彰显上帝对自己的恩宠，终极指向是他者；后者是为了得到社会的认可，终极指向是自身。在世俗化的美国社会中，财富象征着地位和成功，人们现在无需再为积累财富忧心忡忡，为“适度”、“过度”纠缠不休，他们可以理直气壮地宣布：我要为财富而奋斗！

第二节　一个时代的声音：本杰明·富兰克林

美国文学批评家范·威克·布鲁克斯 (Van Wyck Brooks) 曾在《美

1 〔美〕丹尼尔·贝尔著，赵一凡，蒲隆，任晓晋译：《资本主义文化矛盾》，生活·读书·新知三联书店出版社 1989 年版，第 107—108 页。

国的成年》一文中对美国思想做出过这样的精辟描述："在美国思想界有两股齐头并进但罕见交融的潮流……一方面，那股超验的潮流起源于清教徒的虔诚，它变成了乔纳森·爱德华兹的哲学……；另一方面，那股唯利是图的机会主义潮流起源于清教徒生活的实际变化，它变成了富兰克林的哲学，并通过美国的幽默作家，导致了我们当代商业生活的基调……。"[1] 这一描述不仅指出了以勤劳节俭、积累财富为核心思想的富兰克林哲学在美国物质生活中的主导作用，而且进一步反映出富兰克林的哲学兼具了清教主义和世俗性与实用性的突出特点。对此，纳尔逊·曼弗雷德·布莱克 (Nelson Manfred Blake) 也有类似的评价："有两种思潮汇合在一起：一种思潮是科顿·马瑟这样的传道士带到波士顿来的和使之保存活力的新教的伦理学；另一种思潮是这个商人的努力工作和节约的传统。"[2] 18 世纪，由于启蒙运动和"大觉醒"的影响，清教神权进一步瓦解，美国逐步进入世俗化社会。作为这一过渡时期的代表人物，"注重实际的道德主义者"富兰克林把清教的工作伦理世俗化，并把它吸收到民间智慧中，后来接连几代的北美儿童都接受了富兰克林式的道德教育。

富兰克林的一生是一个励志成功故事，是来自现实生活的从贫穷到富有的典范。富兰克林出身寒微，但凭借自身的努力，白手起家，最后跻身上流社会，在各个领域都取得了杰出的成绩。他生前即已蜚声海外，身故后更是被誉为"美国的象征"，"因为乔治·华盛顿是我们伟大民族之父，本·富兰克林差不多就是祖父了。"[3] 他的成功不仅是对贵族特权的否定，更是一个上升阶级和一个新的社会理想的胜利。富兰克林在《自传》(1793) 的开篇就表示，他之所以能以"自负"之心写下生平，

---

1 〔美〕丹尼尔·贝尔著，赵一凡，蒲隆，任晓晋译：《资本主义文化矛盾》，生活·读书·新知三联书店出版社 1989 年版，第 106 页。

2 〔美〕纳尔逊·曼弗雷德·布莱克著，许季鸿等译：《美国社会生活与思想史》(上)，商务印书馆 1994 年版，第 163 页。

3 Ralph Frasca, *Benjamin Franklin's Printing Network: Disseminating Virtue in Early America* (Columbia, Missouri: University of Missouri Press, 2006), 8.

恰恰在于他“出身贫寒，幼年生长在贫苦卑贱的家庭中，后来居然生活优裕，在世界上稍有声誉”。[1] 他在介绍自己的成功经验方面也是不吝笔墨，除了《自传》，他还先后出版了《穷理查年鉴》、《给一个年轻商人的忠告》（1748）、《致富之路》（1784）等作品，通过大量简单易懂的格言警句，以言传身教的方式给人们指出了通往成功的道路。

富兰克林认为，成功首先是经济上的飞黄腾达，而取得成功的关键在于“勤劳”和“节俭”这两大核心道德规范。他在《给一个年轻商人的忠告》中指出：“致富——如果你期待得到它的话——其实就如同去市场一样简单，主要就靠两个词：勤劳和节俭。也就是说，既不虚度时间，也不浪费金钱，而是对它们充分地加以利用。坚持勤劳和节俭者，无所不能；舍此二者者，一事无成。”[2]

首先，富兰克林大力倡导“勤劳”，并将其列为自己必须努力培养的“十三美德”之一。在《致富之路》中，富兰克林对“勤劳”大加赞赏。他提出“不劳无获”，“勤劳使我们衣食无忧”，“勤奋是好运之母，上帝赐给勤劳的人一切”，“勤奋耐劳终会带来安乐富裕和尊重爱戴”[3]等等。为了说明勤劳的重要性，他还从反对懒惰、反对浪费时间、持之以恒和自力更生四个方面作了进一步的论述。他指出“懒惰走得慢，贫穷来作伴”，“懒惰好似铁锈，毁人尤胜辛劳”，“烦恼生于懒惰，苦劳源自淫逸”，甚至“懒惰还会导致疾病，大大缩短寿命”。正因为懒惰带来诸多的严重后果，人们才应该辛勤工作，不能浪费时间。“如果热爱生命，就莫要浪费光阴，因为时间就是生命。”“时间一去不复返，挥霍时间就是最大的浪费。”他接着指出，做事贵在能够持之以恒。正所谓“水长滴，可穿坚石；鼠长啮，可断粗缆；斧长砍，可倒巨木”，“只要持之以恒，坚持不懈，收获必定丰硕。”最后，除了吃苦耐劳，人们还需小心

1 〔美〕本杰明·富兰克林著，姚善友译：《本杰明·富兰克林自传》，生活·读书·新知三联书店出版社 1958 年版，第 1 页。

2 Benjamin Franklin, “Advice to A Young Tradesman,” in John Bigelow, ed. *The Complete Works of Benjamin Franklin* (New York: the Knickerbocker Press, 1887), 120-121.

3 Benjamin Franklin, *The Way to Wealth* (Bedford, MA.: Applewood Books, 1986), 13, 14, 16.

谨慎，“凡事需亲力亲为，切莫过于依靠他人。”[1]

其次，富兰克林认为，勤劳固然重要，然而节俭“能使勤劳的人更加成功”，因为“不知俭省的人会磨一辈子的磨，穷苦一生”。“想致富，不能只靠收入，还要量入为出，”为此，人们必须做到两点：反对奢侈和远离虚荣，以免造成不必要的浪费。富兰克林指出，“许多人为了身披华服却是饥肠辘辘，连家人也跟着忍饥挨饿，”正所谓“身穿绫罗绸缎，灶上冷锅无餐”，“一味地追求奢华，挥霍无度，即便是乡绅富户亦会倾家荡产。”他劝诫人们不要为了奢侈和虚荣“冒这么大的险，遭这么多的罪”，傲慢的表象“既不能增强体质，也无法减轻痛楚。它不能增加美德，只会催生嫉妒，带来不幸。”他建议大家未雨绸缪，“为了将来的迟暮困顿，现在应该能省则省，要知道朝阳也不能从早到晚地挂在天上。”[2]

总结起来，富兰克林倡导的是以勤俭节约为手段、以积累财富为目的的工作伦理。与清教工作伦理相比，二者都强调勤俭节约，积累财富，唯一的不同之处在于积累财富的目的。在清教工作伦理中，努力工作、获取财富是典型的宗教行为，是为了荣耀上帝，获得救赎的机会。“预定论”使清教徒们相信，财富越多获得上帝青睐的可能性就越大，越有可能进入天堂，因为上帝绝不会让他的选民沦为失败者。为了证明自己的选民身份，清教徒们辛勤工作，勤俭节约，反对好逸恶劳，反对浪费，视贫穷为罪恶。富兰克林所倡导的工作伦理依然宣扬勤勉和节俭，如何赚钱和存钱，但已经不从宗教的角度去肯定财富的价值，财富的多寡转变为衡量个人社会地位高低的标尺和成功与否的标志。他曾不止一次地说过：“世人不是因为宗教信仰而得救，而是因为缺乏宗教信仰才得救。”[3]这意味着富兰克林从没有把物质利益与精神问题混为一谈。由此可见，富兰克林倡导的工作伦理实际上就是世俗化之后的清教工作

1 Benjamin Franklin, *The Way to Wealth*, (Bedford, MA.: Applewood Books, 1986), 11-17.

2 Benjamin Franklin, *The Way to Wealth*, 18-27.

3 Benjamin Franklin, *The Way to Wealth*, 17.

伦理，二者在核心内容上可谓一脉相承。正如丹尼尔·贝尔所说："本杰明·富兰克林是讲求实际和功利的新教徒。"[1]

关于富兰克林的清教徒身份，一直以来争议不断。富兰克林出生在清教氛围浓厚的波士顿，双亲都是清教信条的忠实信徒，父亲曾打算将他"作为儿子中的什一捐奉献给教会，"[2]他自己则自称"在宗教方面从小接受的是长老会的教育"。[3]他阅读了许多清教书籍，其中最具代表性的是约翰·班扬的《天路历程》和科顿·马瑟的《论行善》，这对他的思想产生了极其重要的影响。他的生平和《自传》也被认为代表了新英格兰清教主义的主要特征。正是基于以上种种背景，一些评论家将富兰克林视为典型的清教徒。历史学家 A. 惠特尼·格里斯沃德 (A . Whitney Griswold) 在《繁华下的三位清教徒》一文中将富兰克林与科顿·马瑟和蒂莫西·德怀特 (Timothy Dwright) 并列，并称为"清教主义的灵魂"。[4]但是，也有评论家持相反的意见。当代自传研究专家卡尔·温特劳布 (Karl J. Weintraub) 在题为《清教伦理与本杰明·富兰克林》的文章中指出，"把富兰克林当作一个受宗教驱使的人显然是不可能的。然而，他给人留下了如此深刻的清教主义的印象！他的大部分信仰和言论完全跟班扬、巴克斯特或其他清教徒的创作联系密切，他的日常行为和生活伦理跟他们所鼓吹的非常相像。富兰克林是一个没有清教动机和清教目的的清教个体。"[5]富兰克林本人对清教的教义也没有兴趣。他拒绝去教堂参加长老会的公共礼拜，因为"讲道的主题不是神学上的争论，就是阐述长老会独特的教条，这些对我来讲全是十分枯燥无味，毫无启发性的，因为这种讲道从不宣扬或鼓吹一条道德伦理原则，它的目的好

1 〔美〕丹尼尔·贝尔著，赵一凡，蒲隆，任晓晋译：《资本主义文化矛盾》，生活·读书·新知三联书店出版社 1989 年版，第 104 页。

2 〔美〕本杰明·富兰克林著，姚善友译：《本杰明·富兰克林自传》，生活·读书·新知三联书店出版社 1958 年版，第 8 页。

3 〔美〕本杰明·富兰克林著，姚善友译：《本杰明·富兰克林自传》，第 115 页。

4 A. Whitney Griswold, "Three Puritans on Prosperity," *The New England Quarterly* 7 (1934), 475.

5 袁雪生：《〈富兰克林自传〉与美国精神》，中国社会科学出版社 2008 年版，第 54 页。

像是要我们做长老会的教友，而不是要我们做好公民。”[1]与清教徒持续不断的内省和对能否得救的焦虑感不同，他对与宗教有关的精神上的探索缺乏兴趣。他一生著述颇丰，但却没有一篇是关于他的宗教信仰的专门论述，人们只能在众多作品中寻找他有关神学的只言片语。

事实上，富兰克林的宗教信仰一直是个令人困扰的问题。美国国父之一的约翰·亚当斯 (John Adams) 曾不无挖苦地写道：“天主教徒认为他几乎就是一个天主徒。英国国教宣称他是国教的一员。长老会认为他是半个长老会信徒，教友派相信他是一个懦弱的贵格会成员。确实，我相信所有的教派都把他视为无限宗教宽容的朋友。”他自己则将富兰克林归类为“无神论者，自然神论者和自由思想家”。爱丁堡大学的校长威廉·罗伯特 (William Robert) 也拐弯抹角地批评了富兰克林宗教信仰的模糊性：“我认为，神学恐怕是所有科学中富兰克林唯一不那么擅长的科目。”[2]如果仔细研究富兰克林在宗教上的心路历程，确实会发现其中错综复杂，难以界定。他幼年时接受了长老会的教育，青年时转变为自然神论的信徒，后来似乎又倾向于怀疑主义和多神论。他似乎属于所有教派，但又与它们保持适当的疏离。他对待宗教的“骑墙”态度往往遭人诟病为道德上的伪善。加州大学伯克利分校的文学教授米切尔·布赖特韦泽 (Mitchell Breitwieser) 就认为富兰克林之所以在《自传》中保持一副清教徒的姿态，就是为了避免使自己看上去不虔诚。[3]在一封写于1787年的回信中，富兰克林对有关自己宗教信仰的提问做了答复：“这俗世上的事已经占用了我太多的时间，留给它的已经所剩无几了。”[4]

---

1 〔美〕本杰明·富兰克林著，姚善友译：《本杰明·富兰克林自传》，生活·读书·新知三联书店出版社1958年版，第116页。

2 Ralph Frasca, *Benjamin Franklin's Printing Network: Disseminating Virtue in Early America* (Columbia, Missouri: University of Missouri Press, 2006), 36.

3 Mitchell Robert Breitwieser, *Cotton Mather and Benjamin Franklin: The Price of Representative Personality* (Cambridge: Cambridge University Press, 1984), 240.

4 Benjamin Franklin, *The Writings of Benjamin Franklin* (Vol. 9) (New York: the Macmillan Company, 1906), 615.

1796 年的一位美国作家则干脆说他“什么都不信。”[1]

无论人们如何看待富兰克林的宗教信仰，可以肯定的是，他确实不是一位虔诚的清教徒，但是，清教氛围的熏陶却为富兰克林复杂的宗教意识与理性的道德观奠定了基础。因此，清教工作伦理作为一股潜流对他产生潜移默化的影响也就不足为奇了。

与爱德华兹专注于清教教义中纯粹的神学思想不同，富兰克林的清教思想着重表现外部物质世界，具有浓厚的世俗性和实用主义特点。历史学家亨利·斯蒂尔·康马杰 (Henry Steel Commager) 认为：“美国人讨厌理论和抽象的思辨，他们就像健康人不吃药那样避开那些深奥的政治哲学和行为哲学。本杰明·弗兰克林（即富兰克林，作者注）才是他们的哲学家，而不是乔纳森·爱德华兹。……他们虽然拒绝宗教意义上的功利主义，却是地地道道的功利主义者。确切地说，唯一可以称之为他们的哲学的乃是有用即真理的工具主义。”[2] 康马杰在这段话里指出了美国人“有用即真理”的实用主义思想，而这种思想在富兰克林的身上表现得淋漓尽致。文学评论家罗伯特·斯宾勒 (Robert Spiller) 在评价富兰克林时就曾说过：“富兰克林早在威廉·詹姆斯给实用主义下定义前就认为，一切有效的方法都是真理。……（他）的一切向上攀登的活动都遵循着这一信念。……把它当成宗教信仰。”[3]

实用主义一词源自希腊语，本意是行为、行动。它于 19 世纪 70 年代在美国崭露头角，在 19 世纪末 20 世纪初发展成为在美国影响最大的哲学流派，代表人物是查尔斯·皮尔士 (Charles Pierce)、威廉·詹姆斯 (William James) 和约翰·杜威 (John Dewey)。实用主义哲学重视生活实践和实用功利，疏于形而上学的理论思辨。它的特点主要表现在强调哲学要立足于现实生活，把确定信念作为出发点，把采取行动当作主要

1 John Fea, "Benjamin Franklin and Religion," in David Waldstreicher ed. *A Companion to Benjamin Franklin* (West Sussex: Blackwell Publishing Limited, 2011), 129.

2 〔美〕康马杰著，南木等译：《美国精神》，光明日报出版社 1988 版，第 10 页。

3 〔美〕罗伯特·斯宾勒著，王长荣译：《美国文学的周期》，上海外语教育出版社 1990 年版，第 12 页。

手段，把获得效果作为最高目的。皮尔士指出，一个观念的意义完全在于它引起的行动和产生的效果，即一个观念只要能在我们的行动中引起某种实际效果，就是有意义的，反之就是无意义的，就是神学或形而上学的观念。皮尔士的“意义即效果”理论经过詹姆斯的系统化，发展为“有用即真理”的命题。实用主义是第一个土生土长的美国哲学思潮，也是美国民族精神和生活方式的理论象征。美国学者拉斯基在为托克维尔（Alexis de Tocqueville）的《论美国的民主》所作的导言中指出：“美国是一个讲究实际的民族，不大善于思考。他们凡事考虑眼前的利益，而不大追求长远的利益。他们所重视的，是够得到、摸得着、切实存在并能用金钱估价的东西。”[1] 正因为“他们是讲求实际的，因而他们的哲学就必须有助于功利主义的目的；他们是一帆风顺的，因而他们的哲学要允许发挥自由意志和经过努力取得报偿；他们是质朴率真的，因而他们的哲学必须避免高深莫测的细微思辨。”[2] 世俗化之后的清教工作伦理具备了这一特征，它不再是一种神学思想，而是沾染了世俗的气息，演化成为一种实用主义的哲学工具。

受实用主义观念的影响，富兰克林非常重视事物的实际效果，以“有用性”为标准评价一切事情。例如，富兰克林一直想方设想引导人们养成各种美德，但与爱德华兹的恐吓布道不同，他利用人性追求幸福、逃避痛苦的本能，告诉大家美德带来的幸福要远远多于痛苦。他鼓励大家创造物质财富，因为积累财富的好处远远大于坏处，以此帮助人们养成勤劳节俭的美德。

从根本上说，《自传》的写作就是以有用性为目的。富兰克林在《自传》出版之前就曾说过，他希望这部回忆录“对大众有用，对年轻读者有益。”“我期盼着读者在读完我的经历之后觉得这本书既有趣又有

---

1 〔法〕托克维尔著，董果良译：《论美国的民主》，商务印书馆 1988 年版，第 954 页。

2 Henry Steel Commager, *The American Mind: An Interpretation of American Thought and Character Since the 1880s* (New Haven: Yale University Press, 1950), 154.

用。"[1]《自传》可以说是一部富兰克林的个人奋斗史和发迹史，是理论版的《致富之路》的实践版。它记录了一个不名一文的穷小子如何凭借自身的美德一步一步取得成功。在《自传》开篇，富兰克林就说出了他的写作目的：希望后辈子孙愿意知道他的处世之道，并加以仿效。[2]在书中，富兰克林还系统地介绍了锻炼民众勤劳、俭朴和节制等品德的方法，并将其总结为"十三美德"。他不仅自己亲身实践这些方法，而且还鼓励读者们积极效仿。在他看来，这些美德是实用的，因为它为自己带来了成功与幸福。正如马克斯·韦伯所说："富兰克林所有的道德观都带有功利主义的色彩。诚实有用，因为诚实能带来信誉；守时、勤奋、节俭都有用，所以都是美德。"[3]

富兰克林还强调行动的重要性。他认为，只有思想转化为行动之后，才具有实际的意义。穷理查说："言传不如身教。"[4]为此，他曾建言一位牧师少谈些教义，多做些事情，不要总是喋喋不休地重复那些形式主义的东西，因为"上帝偏爱的是言行一致的人，而不是只说不做的人。"[5]在1749年的《穷理查年鉴》中，他借穷理查之口，强调了"行"的重要性："语言也许能够显示一个人的聪慧，但行动才能显示出他的诚意。"[6]他将牧师列为穷理查的敌人之一，就是因为他们总是夸夸其谈信仰和教义，擅长诡辩，于真正的善行上却无甚建树。

对奢侈品的态度也体现了富兰克林的实用主义价值观。尽管亚伯拉

---

1 Ralph Frasca, *Benjamin Franklin's Printing Network: Disseminating Virtue in Early America* (Columbia, Missouri: University of Missouri Press, 2006), 193.

2 〔美〕本杰明·富兰克林著，姚善友译：《本杰明·富兰克林自传》，生活·读书·新知三联书店出版社1958年版，第2页。

3 〔德〕马克斯·韦伯著，于晓，陈维纲等译：《新教伦理与资本主义精神》，陕西师范大学出版社2006年版，第20页。

4 Benjamin Franklin, *The Poor Richard's Almanac* (Waterloo, Iowa: the U. S. C. Publishing Co., 1914), 57.

5 Ralph Frasca, *Benjamin Franklin's Printing Network: Disseminating Virtue in Early America* (Columbia, Missouri: University of Missouri Press, 2006), 12.

6 Benjamin Franklin, *The Poor Richard's Almanac* (Waterloo, Iowa: the U. S. C. Publishing Co., 1914), 61.

罕大叔一再告诫大家，谨慎购买不必要的物品，但实际上，富兰克林本人并不抵触奢侈品。相反，他认为对奢侈品的渴望反而会激励人们更加热情地投入到辛勤的工作中去——“难道有一天能够有钱享受奢侈品的希望不是勤劳节约的一大动力吗？如果缺少这一动力，人们会听凭本能的摆布，变得好吃懒做，好逸恶劳。因此，奢侈品的产出不是大于它的消耗吗？”[1]他鼓励发展国内的奢侈品，因为它“增加了该行业雇佣的本国制造者人数”，但同时他又指出，“任何阶层人民普遍流行的花费越大，他们对结婚就越谨慎。因此，决不能容许奢侈成为普遍的风尚。”[2]由此可见，富兰克林并不是从个人享受的角度来考虑奢侈品的价值，而是从其有用性，即能够创造的物质财富出发肯定了奢侈品的功用。“奢侈的滋味固然不错，但在美国，最需要的是让人们懂得功利主义美德和怎样才能致富。”[3]

富兰克林的实用主义精神还体现在他对宗教的态度上。他以一种海纳百川的实用主义态度吸收各教派中的有益成分，无论是基督教，伊斯兰教，或者是其他什么宗教，只要能够起到现实的作用，他都欣然据为己有。这也是有人甚至将他归入印度教的原因。可以说，他敬重所有的宗教，只要其中的美德能为其所用。他反对托马斯·潘恩 (Thomas Paine) 在《理性的时代》一文里向宗教基础发起猛烈攻击，因为从实用主义的角度出发，宗教有其存在的必要性。“想想吧，人类中有多少懦弱无知的男人和女人，又有多少幼稚轻率的年轻人。他们需要宗教的力量来帮助他们避恶扬善，……所以不要试图解开这头猛虎的锁链吧。如果人们在宗教的约束下都如此邪恶的话，那么失去宗教束缚的后果简直

1 Benjamin Franklin, *The Writings of Benjamin Franklin* (Vol. 9) (New York: the Macmillan Company, 1906), 243.

2 Benjamin Franklin, *The Writings of Benjamin Franklin* (Vol. 3) (New York: the Macmillan Company, 1905), 70.

3 〔美〕查尔斯·博哲斯著，符鸿令，朱光骊译：《美国思想渊源——西方思想与美国观念的形成》，山西人民出版社 1988 年版，第 107 页。

难以想象。”[1]可见，富兰克林看重的是宗教的教化作用，而非宗教本身。

正是这种实用主义的宗教观点促使富兰克林在1721年的天花论战[2]中站到了科顿·马瑟和其他清教领袖的对立面。他指责以马瑟为代表的清教一方不顾人民福祉和安全，仅凭头脑发热的臆断行事。失去大众支持的马瑟把账算到了富兰克林等人的身上，称他们为“地狱之火俱乐部”，并在日记里泄愤：“这个邪恶的印刷匠和他的同伙应该受到警告。他们每周抛出一份满是异端邪说的报纸来污蔑、抹黑本城的牧师，减损他们的威望。其用心之险恶世所未见。”[3]他也曾连续五个礼拜日去教堂做礼拜，却终因牧师讲道的主题仅限于枯燥无味、古里古怪的神学争论或长老会的教条而放弃。牧师们即便是在讲真实、正直、公正、纯洁、可爱等美德时，也不忘灌输教义，对放之四海而皆准的道德伦理却不加阐述，而富兰克林之所以欣赏一位名为韩波西的年轻牧师，就是因为他不讲教条，不谈原罪，只是热情地劝人为善。因此，当韩波西被指控为异端，禁止布道时，他不惜与长老会正统派的信徒展开笔战，连发三本小册子和一篇文章，为这位年轻人辩护。总之，当富兰克林的价值取向“从信仰转向行为，从信念转向实践”之后，他的宗教观也变得宽容而豁达。

具体到清教思想的扬弃上，富兰克林依旧秉承了实用主义的态度。《致富之路》和《穷理查年鉴》是反映富兰克林哲学思想和道德伦理观的最具代表性的作品，里面的格言警句具有浓厚的世俗性和实用性特点。文中在论及“勤劳”和“节俭”的意义时，总是把二者与“致富”联系起来，说来说去都是“如何挣钱和怎样节省”。[4]马克斯·韦伯从这

1 Ralph Frasca, *Benjamin Franklin's Printing Network: Disseminating Virtue in Early America* (Columbia, Missouri: University of Missouri Press, 2006), 207.

2 1721年5、6月间，波士顿爆发天花疫情，以科顿·马瑟为首的一些清教牧师主张采用接种的方法应对疫情，但由于当时接种的有效性和安全性实际上未经证实，马瑟等的主张遭到富兰克林等人的反对，双方就此展开了论战。

3 Ralph Frasca, *Benjamin Franklin's Printing Network: Disseminating Virtue in Early America* (Columbia, Missouri: University of Missouri Press, 2006), 39.

4 〔美〕本杰明·富兰克林著，江世亮译：《富兰克林自传》，东方出版中心1999年版，第5页。

些有关“生财”的格言中分析出了更深层次的涵义：“富兰克林所宣扬的，不单是发迹的方法，他宣扬的是一种奇特的伦理。”[1]这个伦理就是：个人有增加自己的资本的责任，而增加资本本身就是目的。富兰克林的这一伦理观一方面根植于其所处的社会环境，另一方面也源于清教本身所具有的强烈的实用价值。

作为从清教主义向启蒙主义过渡的“桥梁人物”，富兰克林思想中的实用主义倾向是其所处的社会环境的产物。当时大多数的清教徒都面临着宗教信仰与社会现实之间的矛盾。受清教思想的束缚，清教徒在面对物质财富的诱惑时仍纠缠于“适度”与“过度”的差别，但此时经济的发展和扩张已经给越来越多的农民和商人带来获利的途径。新移民的到来又进一步加速了清教世俗化的过程。作为边疆垦荒先锋的苏爱人具有吃苦耐劳、坚决果断、勤俭持家的传统，但受过苏格兰教会民主教育的苏爱人很难认同新英格兰教会独断专行的家长制作风。这些来自母国社会底层的穷苦百姓完全是受到经济利益的驱动，到新大陆来“淘金”的。随着社会经济的不断发展和社会思想的变化，清教徒在“荣耀上帝”和“聚敛财富”之间竭力保持的微妙平衡被打破，物质利益开始占据上风。这种日益重视物质财富的倾向与清教主义的逐步衰落共同促成了人们实用主义价值观的形成。

从清教教义本身来看，它也具有一定的实用主义色彩。清教的天职观打破了基督教对财富的一贯否定，劳动致富成为个人对上帝负有的不可推卸的责任，物质财富的多寡被视为能否得救的外在表现。这直接促成了个人将追逐物质财富当作人生的重要目标。清教的这一实用主义倾向与富兰克林的实用主义价值观结合之后，就形成了韦伯所说的“奇特伦理”。它构成了美利坚民族精神的重要内容。

富兰克林的实用主义价值观契合了当时的社会氛围，受到人们的普

1 〔德〕马克斯·韦伯著，于晓，陈维纲等译：《新教伦理与资本主义精神》，陕西师范大学出版社2006年版，第14页。

遍欢迎，这从《穷理查年鉴》历时25年的出版记录可见一斑。从发行之初到1736年，它每年的发行量都将近一万本，也是唯一一个发行范围遍及整个北美大陆的年鉴。[1]《美国百科全书》在记录这段历史时曾提到，当时普通美国人家里鲜有藏书，但至少有两本书必不可少，一本是《圣经》，另一本就是《年鉴》。《圣经》满足了人们精神上的追求，《年鉴》则出于实用的需要。富兰克林在《自传》中说道："在一七三二年我第一次……出版了我的历书。……我设法使它既有趣又有用，因此它风行一时。……我看到大多数人都读这本书。……这些人几乎就只买这本书。"[2] 1758年，他专门为该年的年鉴整理了前言《致富之路》，借亚伯拉罕大叔之口将穷理查25年来的致富经验做了一个总结。

富兰克林一本正经的说教面孔和浑身散发的"铜臭气"迎合了大多数人的实际需要，却也激怒了追求思想自由和道德多元化的文学人士，尤其是像D. H. 劳伦斯（D. H. Lawrence）那样喜好天马行空、在思想的世界里任意驰骋的诗人。劳伦斯对富兰克林的评价可谓极尽讽刺之能事，好像不够刻薄就不足以体现他对这位美国偶像的憎恶。再说，像富兰克林这样大的箭垛子没有放箭却不中的道理，因此，劳伦斯的口气虽然狂妄，倒也不失中肯。富兰克林的道德倾向确实极大地影响了美国在日后大部分时间内的道德氛围，整个社会弥漫着一股暴发户式的天真与无畏，"穷理查"们"被圈在带刺的栅栏里工作"，[3]还满心欢喜，欢声笑语，充满了美国式的乐观情绪。显然，劳伦斯所厌恶的不是工作本身，而是强加于人的道德藩篱。

然而，在当时的社会环境中，富兰克林的实用主义道德观在很多方面是有益的。在一个从荒野中建立的国家里，资本和劳动力短缺，但是

1 William Pencak, "Poor Richard's Almanac," in David Waldstreicher ed. *A Companion to Benjamin Franklin* (West Sussex: Blackwell Publishing Limited, 2011), 278.

2 〔美〕本杰明·富兰克林著，姚善友译：《本杰明·富兰克林自传》，生活·读书·新知三联书店出版社1958年版，第137页。

3 Harold Bloom, ed., *Bloom's Classic Critical Views: Benjamin Franklin* (New York: Infobase Publishing, 2008), 84.

机会很多，有关努力劳动和朴素节约的说教有助于改善个人的命运和促进社会的进步。物质财富的积累也可以迅速建立一个民族的自信心。在一望无垠的广袤大地上，劳伦斯呐喊呼号的“思想的森林”只是拓荒者挥刀砍伐的目标。他们需要的不是思想的碰撞，智慧的交流，而是披荆斩棘的强健体魄和坚定意志。他们必须时刻警惕，尽可能地充分利用一切资源，随时准备应对充满未知的边疆生活。也许只有到了劳伦斯的1923年，库柏的纳蒂·班波才会拿着墨水笔在灯下奋笔疾书，或者在温和的日光下，边喝咖啡边翻看哲学书。

不可否认，现实中的富兰克林与普通人一样，也会寻欢作乐，与贵妇调情，与人结怨，他的单纯和节制有不少是留给了神话后的富兰克林。西德尼·费希尔 (Sydney Fisher) 认为，美国神话显然不同于古代神话，古代的神祇“随着时间的推移越来越人性化，演绎凡人的激情爱欲。我们的过程恰好相反。我们是把身边一位熟悉的普通人进行了不可思议的、理想化的道德抽象。”[1] 神话之后的富兰克林体现了人类的庄重严肃，证明了努力就有回报，他包含的是多数美国人共同的信念，更重要的是，他给后世的美国青年提供了一个光辉的典范去膜拜和效仿。归根结底，富兰克林到底如何并不重要，重要的是，他是这个时代迫切需要的指路人，从这个意义上来说，“富兰克林就是美国梦的奠基人，”[2] 就是烂衫迪克，就是给加西亚送信的罗万将军。穷理查曾说：“若想死后把名显，要么写可读之书，要么做可书之事。”[3] 富兰克林两者都做到了。一百多年前清教徒建立山巅圣城的梦想破灭了，一百多年后富兰克林却成功地为自己竖起了雕像，宣扬世俗版的美国信仰：勤劳、节俭和自立是通往成功和富裕的途径。

---

1 Sydney George Fisher, *The True Benjamin Franklin* (5th edition) (Philadelphia: J. B. Lippincott Company, 1903), 6.

2 Jim Gullen, *The American Dream: A History of An Idea That Shaped A Nation* (New York: Oxford University Press, 2003), 65.

3 Benjamin Franklin, *The Poor Richard's Almanac* (Waterloo, Iowa: the U. S. C. Publishing Co., 1914), 32.

第三节　从娃娃抓起：儿童文学的作用

儿童文学从产生之日起就受到教育的青睐呵护。无论什么时代、什么民族的儿童文学，都必然蕴含着对儿童的期许。它由成人创作而成，因此，相比于儿童的喜好，它或多或少要体现出成人世界的道德观和价值观。《简明不列颠百科全书》认为：儿童文学是“教育和想象这两种力量的平衡不断变动而引起的创作方法的冲突。以娱乐而不是以自我完善为目的，为了陶冶性情而不是增进文化知识的儿童文学往往发展较晚。”[1]一直到19世纪后期，美国工业革命开始之后，美国的儿童文学从总体上来看仍然是以功利主义为中心的教育主义思想占据了上风。所谓教育主义，“指的是将儿童文学纳入教育的范畴，处处以教育的标准衡量儿童文学的成败得失，”[2]即借助文学的形式，灌输作者的人生理念，达到儿童为成人期的到来做好准备的目的。教育主义时代的儿童文学往往有明确的教育目的、教育过程、教育手段甚至教育结果，它承载着时代特有的政治、道德、知识、思想和观念等等。

教育主义的儿童文学源于具有时代特征的儿童观。儿童观是儿童文学的原点，它指的是关于儿童的观点，即儿童具有某种特殊的本性，这种特殊的本性把孩子与成人区别开来。因此，儿童文学必然是与其所处时代的儿童观相适应的。随着人类思想发展历史的变化，人们的儿童观也有明显的不同。虽然有了人类便有了儿童，但“儿童的发现”却是一个社会历史发展的结果，即儿童作为一个完全的人的独立人格和权利，是现代社会发展的结果。

1　刘绪源：《儿童文学的三大母题》，少年儿童出版社1995年版，第16页。

2　刘绪源：《儿童文学的三大母题》，第187页。

具体到美国，人们对儿童的认识也经历了一个不断修正的过程。在清教殖民地时期，人们的儿童观受到以下两个方面的影响。首先，“人性本恶”的观念深入人心。人们相信，即便是襁褓之中的婴孩也早在母腹之中便已种下邪恶的种子。因此，本杰明·沃兹沃思[1](Benjamin Wadsworth) 将儿童的心灵视为“罪恶的巢窠、根系和源头，邪念、杀人、奸淫等等恶性皆从此来”。[2] 清教牧师约翰·罗宾逊 (John Robinson) 则在布道中说道：“所有孩子的身上都有……一种心灵上的固执和倔强，这源于他们与生俱来的傲慢。我们首先就必须把这股子傲慢劲儿给折断，打压下去；这样，他们才能在谦卑和温顺的基础上接受教育，其他的美德也才能建于其上。”[3] 显然，对儿童的这种认识很难让虔诚的父母放心地让孩子展露天性而不加以约束。相反，他们迫不及待地给孩子灌输规则，规矩言行，培养他们驯良温顺的性格，这就导致了一种压迫式的教育方式。然而，父母们相信，这对孩子的成长是有利的。正如托马斯·胡克所说：“我们有权力去管束他们，改造他们，我们也必须如此行事。”[4] 清教牧师萨缪尔·维拉德 (Samuel Willard) 也认为，虽然“他们还只是孩子，仍然天真，蠢钝。如果不时不时加以惩戒，就会变得放肆，罔顾自己的责任。”[5] 父母对子女拥有绝对的监管权，他们的权威不容挑衅，这一点毋庸置疑。马萨诸塞和康涅狄格甚至立法惩罚那些敢于反抗或者诅咒父母的逆子，严重者可判处死刑。

其次，在殖民地时期，儿童与成人的分界并不明显，他们往往被当作“缩小版的成人”来对待，在新英格兰地区尤其如此。科顿·马瑟在

---

1 曾任波士顿第一教堂的牧师，后于1725—1737年间任哈佛学院的校长。

2 Emelyn E. Gardner, *A Handbook of children's Literature: Methods and Materials* (New York: Scott, Foresman and Company, 1927), 172.

3 Howard P. Chudacoff, *Children at Play: An American History* (New York: New York University Press, 2007), 23.

4 Edmund S. Morgan, *The Puritan Family: Religion and Domestic Relations in Seventeenth-Century New England* (New York: Harper & Row Publishers, 1966), 95.

5 David E. Stannard, "Death and the Puritan Child," in Alden T. Vaughan and Francis J. Bremer ed. *Purtian New England: Essays on Religion, Society, and Culture* (New York: St. Martin's Press, 1977), 237.

1689 年写到："他们一断奶就得接受教育。……他们还小？但魔鬼已经盯上了他。……从出生那一刻起，他们就走上邪路。他们刚下地就走歪路，刚会说话就撒谎。尽管他们还小，撒旦已经教会他们傲慢、不敬、谩骂和报复。那么，我请问，为什么你们不抢在他之前行事呢？"[1] 因此，当时的孩子很小就接受了自己的堕落与罪恶，祈求上帝的宽恕。他们穿着成人式的服饰，接受的实际上是成人式的教育，并在社会生活的各个方面都承担起了类似于成人的责任。孩子们往往白天劳动，晚上与父母一起诵读《圣经》或玩一些有利于道德培养的游戏，有时还共同参加一些社区活动。总之，儿童是在家庭、教会和社区三方的合力培养下慢慢走向成熟的。

清教徒对儿童的认识直接导致了殖民地时期儿童文学作品的匮乏和浓厚的教训主义色彩。这从为数不多的作品的题目上可见一斑：《神圣的儿童》，《父母的喜悦》，《被警告的年轻人》，《垂死父亲留给唯一孩子的遗产》等。除了《圣经》和《天路历程》这种老少皆宜的读物外，当时最著名的儿童读本之一是詹姆斯·简威 (James Janeway) 的《给孩子们的纪念品：详细的改悔记录，几个儿童神圣且模范的一生和可喜的死的故事》(1671)。在书中，简威教训儿童忠实地听从牧师和父母的教导，祈求神来拯救自己的灵魂，并通过早夭儿童的事例警告小读者，如不悔改，死后必受地狱之火的焚烧。简威的本意是想把了解神的意志当作一种喜悦传达给儿童，认为儿童也会喜欢。但是，由于缺乏对儿童心灵的科学认识，它体现的实际上是一种压抑儿童天性、束缚儿童成长的教育主义文学形式。

独立战争之后，随着清教主义的没落，美国步入世俗化社会。人们对儿童的期许从成为一个虔诚的教徒转变为教育培养道德品质高尚的公民。这一时期的人们基本摆脱了清教神学思想的束缚，开始接受关于儿

---

1 David E. Stannard, "Death and the Puritan Child," in Alden T. Vaughan and Francis J. Bremer ed. *Purtian New England: Essays on Religion, Society, and Culture*,(New York: St. Martin's Press, 1977), 236.

童的一些新的观念。其中，约翰·洛克 (John Locke) 的“白板说”(Tabula Rasa) 产生了极大的影响。直到现在，一些人在采用成人本位的方法教育孩子时，仍往往以“白板说”为理论依据。“白板说”的主要思想是：人的心灵如一张白纸，没有任何天赋观念，所有的知识和理性观念的获得都从经验中来。因此，儿童应该受到良好的教育，儿童教育在人的一生中的作用极其重要。洛克在《教育漫话》中指出，儿童喜好玩耍是天性使然，人们完全可以利用这一点来培养他们的性格和自控能力。因此，玩耍受到的不该是限制而是鼓励。这里需要注意的是，洛克对玩耍的要求是寓教于乐，“乐”是为“教”服务的。他强调，儿童的娱乐必须在成人的监管之下，自由散漫、毫无目的的娱乐是不恰当的。这一点与清教教义对儿童娱乐的限制有着相同之处。清教徒认为，以消遣为目的的娱乐是十分危险的举动，是魔鬼诱人堕落的手段。直到 1792 年，美国的卫理公会仍然警告人们，绝不能让儿童沉溺于玩耍。这一规则必须严格遵守，因为小时候喜爱玩耍的人长大仍会恶习不改。除了洛克的“白板说”，卢梭将想象力视为危险的思想也广为接受。但是，卢梭的关于儿童发展的核心观点，即注重儿童的独立人格和成长阶段性的价值，却为人所忽视。

新的儿童观促成了一种不同于清教徒所创作的教育主义儿童作品的另一种教育主义儿童文学。它否定想象力、创造力，重视知识、经验，努力培养适应社会规范的标准公民。美国儿童文学在这一阶段取得了前所未有的发展，出现了第一批专门针对中产阶级儿童的读物，其中既有指导父母教育子女的方法指南，也有短小精悍，但寓意深刻的儿童故事。故事的创作者们以成人世界的法规为蓝本，借助文学的形式教导儿童所应具备的美德，尤其对于肩负着开创个人事业和积累经济财富的男孩子们来说，勤劳工作和认真负责是儿童故事中不可或缺的主题。在这些儿童读物中，玛丽亚·埃奇沃思 (Maria Edgeworth) 和雅各布·阿博特 (Jacob Abbott) 的说教故事，以及麦加菲读本等受到了父母与儿童的普遍欢迎。虽然儿童文学中的教育主义特征在 19 世纪末有所改善，但是，霍雷肖·阿尔杰（Horatio Alger）的街头小英雄们仍是社会主流大众追捧和效仿的人物。

在本杰明·富兰克林逝世后的第80个年头，马克·吐温(Mark Twain)在著名的《银河》杂志上发表了一篇题为《已故的本杰明·富兰克林》（1870）的文章。在文中，他并没有按照惯例向这位伟人脱帽致意，而是兴趣盎然地拿他开起了玩笑。马克·吐温将自己乔装成一位生活在富兰克林阴影下的19世纪的男童，抱怨这位煮皂工的儿子毁掉了自己和其他男孩的美好童年。只要孩子们的言行稍有不慎，把富兰克林奉为楷模的父母们就会念起“拖延即浪费时间”这样的“紧箍咒”，一直念叨到孩子们羞愧难当，乖乖就范为止。然而，按照马克·吐温的说法，这种榜样教育的方法并不奏效，他本人就是试验失败的产物——“其必然的结果就是我目前的状况：心理失常、贫困和虚弱。”因此，他建议家长们根除脑中某些普遍存在的、可能导致灾难的观念，认识到“生性和行为方面的可恶怪癖，只是天才的迹象，并不能创造天才”，从而放弃把傻儿子培养成富兰克林的奢望。[1]马克·吐温的文风轻松幽默，虽似玩笑之语，却道破了19世纪儿童教育的一个核心思想：从小给孩子灌输富兰克林式的勤劳、刻苦和节俭的成功秘诀，并在日常生活中的各个方面加以实践和监督。

作为19世纪教育主义儿童文学的代表作家，埃奇沃思和阿博特在他们的作品中不可避免地涉及培养儿童勤劳节俭、刻苦认真精神的道德主题。19世纪初的儿童读物除了备受推崇的《天路历程》之外，还有《一千零一夜》、夏尔·佩罗(Charles Perrault)的童话故事以及一些来自于英国的恐怖故事集。但是，这些靠情节打动读者的童话故事在主流社会的声誉不佳，反而是一些由主日学校出版的授人以道德、诉诸精神的读物深受父母的欢迎。在这种社会需求下，玛丽亚·埃奇沃思和雅各

---

1 Harold Bloom, ed., *Bloom's Classic Critical Views: Benjamin Franklin* (New York: Infobase Publishing, 2008), 54-56.

布·阿博特的故事集以其生动活泼的内容和无所不在的道德劝勉成为当时儿童文学中的翘楚。在他们的故事里，没有催人泪下的情节，没有奇幻的神话，没有宗教寓言，理性、客观、纪律和勤劳才是他们创造的儿童世界。

埃奇沃思的父亲理查德·埃奇沃思 (Richard Edgeworth) 是英国著名的科学家、发明家、教育家和作家，一生结婚四次，育有二十四个子女。作为长女，埃奇沃思担负起了照顾弟妹的工作；作为父亲工作上的助手，她把日常教育弟妹的实践经验与父亲的教育理论相结合，在1798年发表了与父亲合著的两卷本《实践教育》，从此开始了她称之为“我一生之喜悦与骄傲”[1]的合作生涯。可见，埃奇沃思不仅具备儿童教育的理论知识，而且在照顾弟妹的过程中了解了孩子们的喜好。她经常把故事的草稿先念给弟妹听，再根据他们的喜好进行适当的修改。1796年，埃奇沃思把最受欢迎的小故事集结成集，以《父母的助手》为题出版发表，意在为父母提供一些教育儿童的方法。虽然这些故事不脱教育主义的本色，但是，埃奇沃思明显推敲了故事的叙述方式和情节运用。关于这一点，他在故事集的前言中有明确的表述：“为了避免道德训诫让耳朵和脑袋感到疲累，把故事说得稍具戏剧性是必须的；适当地增加故事的复杂程度，以调动（孩子们的）希望、害怕和好奇的情绪。”[2]《父母的助手》在英国出版后不久就被引进美国，受到热烈的欢迎，新的版本不断发行，这一盛况持续了近一个世纪之久。同样，美国公理会牧师阿博特的以新英格兰为背景的儿童故事也拥有大量的忠实读者。除了最受青睐的二十多部罗洛故事，他还写有一部题为《管理和训练年轻人的有效办法》(1871) 的育儿指南，以及其他近百部故事书和名人传记。

这两位作家虽分属不同的国度，但作品中都弥漫着富兰克林式的道德观。翻开二人的故事，小读者们进入的是一个个温馨祥和的家庭，里

1 Florence V. Barry, *A Century of Children's Books* (London: Methuen & Co. Ltd., 1922), 176.

2 Maria Edgeworth, *The Parent's Assistant* (London: MacMillan, 1907), 4.

面有积极向上的“好孩子”，也有在某个方面有道德缺陷的“坏孩子”，理智和蔼的父母总是在孩子们遇到困难时适时地为他们提供帮助。故事的内容大多是日常生活中的琐碎之事，从简洁明了的故事情节中说明一个显而易见的道理，例如，勤劳、自制、恒心和责任感等等。他们的故事是为了培养小读者们必不可少的高尚品德，类似于魔法、感伤和不切实际的冒险情节因为严重脱离现实，为他们所摒弃。埃奇沃思认为，像《鲁宾逊漂流记》这样的故事鼓励了一种不切实际的冒险精神，与成人必须具备的严肃审慎的品格并不相符。她诘问到：“为什么尽往头脑中装些奇妙的幻想，而不装些有用的知识呢？为什么要白白浪费大把宝贵的时间呢？为什么要降低他们的品位，惯坏他们的口味，用糖果来折磨他们呢？”[1]她明确表示，所有煽动想象力和刺激冒险的情节都不在她的视野之内，勤劳和纪律才是值得她关注的具有现实意义的主题。

在埃奇沃思最出名的两个小故事里，她通过对两个小主人公的对比，说明了勤劳、节俭和自律的重要性。在《不浪费，不匮乏》里，一位靠勤劳节俭攒下大笔财富的商人决定在两个外甥——哈尔和本杰明——中挑选一个收为养子，于是他邀请两位外甥同住，以便考查。一天，他们的叔叔让他们分别解开用鞭绳捆着的两个包裹。细心节俭的本不仅解开了包裹，而且把完好无损的绳子收了起来以备后用，而缺乏耐心的哈尔则粗暴地把绳子割成几段，虽然也打开了包裹，但却浪费了一根绳子。随后，一系列事情发生了。先是叔叔各送了两人一个陀螺，本用绳子玩起了陀螺，而哈尔只好用帽绳。接着粗心大意的哈尔把先前截断的鞭绳随意丢在楼梯的栏杆上，绊倒了自己的表妹。在随后的射箭比赛中，为了追回掉下的帽子（帽绳在玩陀螺时坏了），哈尔不小心摔了一跤，毁了他精心挑选的衣服，而本却用他的鞭绳替换了断掉的弓弦，赢得了比赛的胜利。爱慕虚荣、铺张浪费的哈尔得到了教训，节俭务实

1 Florence V. Barry, *A Century of Children's Books* (London: Methuen & Co. Ltd., 1922), 190.

的本则得到了回报。在《懒惰的劳伦斯》里，埃奇沃思采用了相同的对比模式，两个小主人公一个贫穷却勤劳，一个懒散、无所事事。为了更加直接地体现故事的主题，这个故事在美国出版时干脆改名为《懒惰和勤劳》。故事中，有恒心和责任心的杰姆凭借吃苦耐劳的精神挣够了母亲急需缴纳房租的钱，而劳伦斯整天东游西逛，以看人打架为乐，后来又学会赌博和偷窃，最终沦为阶下囚。非黑即白的强烈对比让小读者们绝不会误解作者的道德说教，而且埃奇沃思也从不把"坏孩子"描写得有丝毫吸引力，以免分散孩子们的注意力或者误导他们。埃奇沃思的这种对比模式是当时教育主义儿童作家采用的主要模式，在面对勤劳和懒惰、自律与鲁莽、真实与谎言以及责任与违抗时，孩子们必须做出正确的选择。

阿博特的罗洛故事是19世纪美国最畅销的儿童故事集之一，它也是阿博特儿童发展理论的一个体现，即童年不是一个独立存在的阶段，而是儿童向成人转变的过程中不可或缺的环节。这一点从故事集的命名可见一斑：《罗洛学说话》(1835)、《罗洛学识字》(1835)、《罗洛劳动记》(1837)、《罗洛玩耍记》(1837)、《罗洛上学记》(1838)等。《罗洛劳动记》发表于1837年，又名《一个勤劳男孩的培养之路》，由六个连续的小故事组成，讲述的是年仅六岁的小主人公罗洛如何在父亲的帮助和指导下逐步成为一个持之以恒、热爱劳动的"小大人"。

在故事中，父亲总是给罗洛安排一些力所能及的劳动，通过这些劳动的完成情况，父亲对罗洛循循善诱，培养他勤劳的美德。例如，有一次，父亲让罗洛把一堆大小不一、规格各异的钉子分拣开来，小罗洛没挑上几根便觉得十分无聊，于是三番两次找借口逃避这份工作。父亲知道后语重心长地教育了罗洛："我想教你的是工作，而不是玩耍。"[1]"你应该有足够的耐心和决心来完成一份工作，即便它让你觉得无趣。……

1 Jacob Abbott, *Rollo at Work* (Boston: Philips Sampton, and Company, 1855), 49.

你必须这样做，否则你长大后就会变成一个懒惰无用的人。”[1]显然，阿博特是在警告孩子们，不要总是指望劳动同玩耍一样有趣，相反，劳动需要的是“努力与克己”。[2]

除了谆谆教诲，父亲在罗洛没能完成工作时还施以适当的惩罚。例如，有一次，罗洛需要把散落在路上的石子捡起来堆放在一起，但父亲看到他在捡石子的间隙玩耍了几次。起初父亲没有做声，任务完成后，父亲对罗洛说：“今天你没把活儿干好。你没有闲着，但也没有努力工作；我给你的惩罚是……晚餐只能吃面包，喝白开水。”[3]

实际上，在父亲的眼中，欢乐只能从劳动和顺从中获得。罗洛并不喜欢分拣钉子，但为了“让父亲满意”，他只能继续这份工作。而父亲总是把小罗洛当成小大人看待，不停地对罗洛说你长大后如何如何，以成年人的标准来要求和教育他。“当你长大成人时，我希望你能遵守协议。当你成为一个男子汉，其他人会要求你兑现承诺的协议。虽然你现在还小，我希望你能尽早习惯这一点。”[4]当罗洛抱怨他的工作既难做又无趣时，父亲教导他说大人的工作都是如此，他们也接受这一点，只有孩子才期盼工作是玩耍。[5]通过一系列由易到难的劳动，罗洛终于战胜了自我，锻炼了耐心，养成了努力劳动的习惯，同时也终于明白，欢乐是认真工作之后的馈赠：“最终，他开始明白工作带来的满足感，尤其是发现他从工作中获得的欢乐要比以前多得多。每当看到自己的劳动成果，他都非常高兴。例如，他把门前路上零乱的石子清走，然后无比高兴地在那儿玩起滚铁环。……事实上，在这一个月里，罗洛成为了一个忠实能干的劳动小能手。”[6]

阿博特和埃奇沃思等儿童作家笔下的孩子们几乎都是一个个勤劳的

---

1 Jacob Abbott, *Rollo at Work* ,(Boston: Philips Sampton, and Company, 1855), 52-53.
2 Jacob Abbott, *Rollo at Work*, 125.
3 Jacob Abbott, *Rollo at Work*, 56-57.
4 Jacob Abbott, *Rollo at Work*, 117.
5 Jacob Abbott, *Rollo at Work*, 125.
6 Jacob Abbott, *Rollo at Work* 58.

小大人，童年和成年对他们来说无甚区别。19世纪末开始盛行的“孩子就是孩子”、“孩子有其自然的成长过程”等现代儿童教育思想在这里还没有用武之地。比起埃奇沃思强调善与恶的对立，阿博特习惯以亟待雕琢的顽童和言传身教的长辈入文，相比之下，阿博特的儿童故事说教意味更浓，缺乏情节和气氛的烘托，读来更像是一本本写给家长的育儿指南。

除了以埃奇沃思和阿博特为代表的儿童作家的作品，威廉·H·麦加菲（William H. McGuffey）历时二十年编撰的一套六册的小学教材《麦加菲读本》从更加广泛的角度对中产阶级的子女进行品德教育。麦加菲通过撷取名家名篇，将道德教育倾注于文学作品之中，让孩子在欣赏优美的文笔和感受动人故事的同时，得到美德的熏陶。几乎所有能够帮助获得成功的美德在《麦加菲读本》中均有提及：勤劳、节俭、努力、诚实、耐心、守时、有序、正直、善良和勇敢等等。自1836年《麦加菲第一读本》出版以来的七十多年中，《麦加菲读本》一直都是美国小学课本的首选教材之一，尤其是在中西部地区。到了19世纪末的镀金时代，《麦加菲读本》的销量已经达到几百万册，对美国儿童的心灵塑造和道德培养产生了巨大的影响。

在《麦加菲读本》涉及的众多美德中，辛勤劳动是被反复强调的重中之重。在《工作》这首诗中，作者鼓励孩子们辛勤劳动，无需为此感到羞耻：

> 工作，工作，我的男孩，不要害怕；
> 勇敢地直面劳动吧；
> 拿起锤子或铁锹，
> 不要因为卑微而脸红。[1]

---

1 William H. McGuffey, ed., *McGuffey's Fifth Eclectic Reader* (Cincinnati: American Book Company, 1896), 59.

许多故事都是围绕这一主题展开的。例如，《勤劳是宝》讲述了一位即将不久于人世的富有农场主通过巧妙的安排让自己的儿子们认识到勤劳是珍宝的故事。这位年老的农场主在临终前把儿子们喊到病榻前，告诉他们家里的田地里藏着祖上传下来的宝贝，但不知道具体的方位。儿子们把家里的田地刨了个底朝天也没有找到宝贝，但庄稼却意外地获得了大丰收。原来田地经他们这么一折腾，反而更适合耕种了。最后，其中一个聪明的儿子明白了父亲的苦心，他说："我确信已经找到了答案，勤劳就是宝贝啊。"[1] 在另一个故事《勤劳的优势》中，查尔斯·布拉德上学时认真努力，最终取得了成功——财富的大门朝他敞开，周围的人对他十分尊敬，他拥有一个快乐的家庭，"所有这些都是勤劳的回报……；勤劳的孩子总是快乐和幸福的。"[2] 亨利·邦德是麦加菲挑选的另一个勤奋的孩子。亨利自幼家贫，十岁时父亲过世，他穷得连课本都买不起，一筹莫展之时恰逢天降大雪，他为几户人家清扫门前积雪，赚到了所需的钱。亨利从这件事中认识到勤奋的好处，从此，他"总是第一个到校上课。他不知'失败'为何物。无论做什么事，他总是能够取得成功。"[3] 可怜的戴维也遇到了与亨利相同的麻烦。同学们嘲笑他破衣烂衫，但他家贫买不起新衣，于是就去树林和田间采花，然后拿到邻近的市区兜售。通过辛勤的劳动和持之以恒的精神，戴维"最终攒够了买新衣的钱。现在，阳光和鸟儿的歌唱让他无比欢畅。"[4]

关于勤劳这一主题的最广人知的故事之一是根据霍桑的《小小黄水仙》改编的《休·懒惰和勤劳先生》。休·懒惰在小学受到校长勤劳先

---

1 William H. McGuffey, ed., *McGuffey's New Third Eclectic Reader* (Cincinnati: Wilson, Hinkle & Co., 1865), 216.

2 William H. McGuffey, ed., *McGuffey's Newly Revised Eclectic Third Reader* (Cincinnati: Winthrop B. Smith and Co., 1853), 60.

3 William H. McGuffey, ed., *McGuffey's New Fourth Eclectic Reader* (Cincinnati: Winthrop B. Smith and Co., 1857), 32.

4 William H. McGuffey, ed., *McGuffey's Second Eclectic Reader* (Cincinnati: American Book Company, 1879), 148.

生的管教，十分气闷，决定离开学校，到外面闯荡。旅途中，他偶遇一个相貌和善的陌生人，于是两人结伴而行。一路上，休遇到了几个监工。刚开始，休觉得这几个监工都比自己的校长和蔼可亲，但他很快发现，原来这几个监工和校长一样严厉，更可怕的是，他们居然都是勤劳先生的兄弟。失望之余，他请求同伴送他返回学校。等到二人回到学校，休才发现，原来一直陪伴在自己身边的也是一位"勤劳先生"。在霍桑的笔下，校长勤劳先生是"一位可敬的人，他给孩子和成人的帮助远远大于世上其他的人。但是，他面容丑陋，声色俱厉，总之，他的一切言行和他遵循的传统都让休感到讨厌"。[1] 但是，经过这次旅行，懒惰的休"得到了教训，从此以后，他事事都认真努力地完成"。不仅如此，他对勤劳先生的印象也大大改观，有时甚至觉得勤劳先生对他"赞许的微笑让他的脸庞看起来与母亲的面容颇有几分相似"。[2] 总之,《麦加菲读本》向孩子们传达了一个重要信息："每个孩子，只要他期盼成为一个基督徒并在天堂占有一席之地，就必须严防懒惰这个恶习，"[3] 他们应该"勇敢地直面劳动"，"哪怕你会失败一次，又一次，再尝试，再尝试，"[4] 只有这样，上帝才会赐福于他们。

教育主义儿童文学的核心是道德品质的培养，因此，故事情节必须让位于道德说教，如此一来，故事就难免显得枯燥单调。虽然在二、三十年代曾有部分作家尝试新的情节设计和手法，但是，在反对感性这一点上，他们仍然保持着高度的一致。他们奉行塞缪尔·古德里奇[5] (Samuel G. Goodrich) 的信条，即儿童故事必须合情合理地展现日常生活中的真实经历或自律自立的道德准则。从情节内容上划分，当时的说

1 William H. McGuffey, ed., *McGuffey's Fourth Eclectic Reader* (Cincinnati: American Book Company, 1879), 221.

2 William H. McGuffey, ed., *McGuffey's Fourth Eclectic Reader*, 226.

3 William H. McGuffey, ed., *McGuffey's New Fourth Eclectic Reader* (Cincinnati: Winthrop B. Smith and Co., 1857), 151.

4 William H. McGuffey, ed., *McGuffey's Newly Revised Eclectic Second Reader* (Cincinnati: Winthrop B. Smith and Co., 1853), 29.

5 美国作家，以彼得·巴利系列故事闻名。

教故事主要遵循了以下三种套路。一是善恶对比，例如，勤劳的孩子和懒惰的孩子的对比，买卖人和创造者的对比等等。二是树立正面典型。故事的内容往往是一个勤劳努力的少年如何摆脱周围的诱惑，成为富有责任感的“大人”。三是树立反面形象。在这类故事中，小主人公被放置在一个特定的环境中，在这里他可以为所欲为，不受拘束，但是随着故事的发展，小主人公要么觉得无聊至极，要么就会闯下大祸。例如，一个小男孩希望自己能像蝴蝶那样自由自在，得偿所愿之后，他却接二连三地遭遇霉运——砸碎厨房的玻璃，被发怒的公牛追赶，贪吃樱桃以至于身体不适，爬到树上小憩却摔了下来。饱尝教训之后，他终于认识到，“只有通过勤勉与好学，人们才能成就伟大，赢得尊重。”[1] 此类故事意在潜移默化地培养孩子们严肃谨慎、吃苦耐劳的品质，而不是从小给他们灌输伟大的英雄情结或者多愁善感的无聊情绪。当然，情节的直白和重复减少了阅读的乐趣，但它的好处在于勤劳自律的美德会深深地镌刻在孩子们的心头，内化为日后的行为准则，如此一来，作家们也就达到了预期的目的。

明显的转变始于内战之后。在 19 世纪的最后二、三十年里，随着工业革命的不断深入，美国社会几乎在各个方面都发生了深刻的变化。苍白单调的说教故事似乎已经过时，这引起了一些保守人士的忧虑。亨利·詹姆斯在 1875 年发表了一篇措辞严厉的针对路易莎·梅·奥尔科特 (Louisa May Alcott) 的《八个表兄妹》的评论文章。他认为，这本书过于注重主观情感的描写，既没有娱乐价值，也没有指导意义，从整体到细节都不值一哂。再联想起当时儿童故事里充斥着的惊悚情节，他不禁怀念起自己幼年时曾风靡一时、现在却几乎不知所踪的罗洛故事了。事实上，亨利·詹姆斯有些言过其实，一直到世纪之交，罗洛系列都深受孩子们的喜爱。但是，他却准确无误地点明了儿童文学创作正在发生的

1 “I'd Be a Butterfly,” *Parley's Magazine*, 25 May 1833, 91.（作者注：此文作者不详，自称”A Juvenile Correspondent”）

巨大变化。在埃奇沃思和阿博特的儿童故事中熏陶长大的新一代儿童作家开始不满足于重复前人的故事，着手开辟新的创作路线。

最显著的一个变化是童话故事的兴起。早期的儿童文学作家推崇育人心智、贴近事实的道德故事，《杰克·哈耶德》(1834)的作者威廉·卡德尔(William S. Cardell)甚至批评《鹅妈妈童谣》和寓言故事统统"拙劣至极"(trash)。随着安徒生童话在四十年代末登陆美国，出版发行虚构的幻想故事慢慢成为常态。创立于1827年的著名儿童杂志《青年之友》曾坚决抵制这股潮流，然而，在当时的社会氛围下，这种坚持显得脆弱且古怪。

伴随着童话故事兴起的则是说教文学的整体倒退。马克·吐温在《哈克贝利·芬》的开篇就特别告诫读者，千万不要妄图在这部小说里寻找道德的蛛丝马迹。越来越多的小主人公们在故事中找到了自己的声音，他们天真活泼，富于想象，勇于探险，他们摆脱了严父慈母的教诲，也不必囿于每日里的无聊琐事，开始有机会探索家庭之外的未知世界。塞缪尔·奥斯古德(Samuel Osgood)的总结非常恰如其分："我们已经不再认为限制孩子的本能是明智的做法，也不再坚持要把他们培养成小道德家、小玄学家或者小哲学家。伟大的自然判定，他们最先接受的教育和训练应该是感官与肌肉，情感与想象力，而不是批评判断、逻辑推理或者理性分析。"[1]

造成这种转变的原因是多方面的，但可以肯定的是，现代教育思想的介入在这一过程中起着举足轻重的作用。针对清教的性恶论，瑞士教育学家约翰·裴斯泰洛奇(John Pestalozzi)和他的学生弗里德里希·福禄培尔(Fredrich Froebel)提出了与之相反的性善说。他们认为，"人的本性确属良善，也具有向善的品质和倾向，"[2]人们应该尊重孩子的天性，帮助他们尽情展现真实的自我。福禄培尔指出，正如动植物需要充足的

---

1 Samuel Osgood, "Books for Our Children," *The Atlantic Monthly* 16 (1865), 725.

2 Howard Gensler, ed., *The American Welfare System: Origins, Structure, and Effects* (Westport, Connecticut: Praeger Publishers, 1996), 27.

时间和空间才能慢慢长大，儿童的成长也需要自由和宽松的环境，他们不是可以任人随意揉圆捏扁的泥巴。成人所能做的就是遵循儿童成长的规律，鼓励儿童玩耍，培养他们的好奇心，拓展他们的想象力和创造力。性善论为反对童工制度、反对说教文学的儿童作家提供了有利的理论依据，他们决心开垦一块处女地，“那里没有无休止的说教，没有没完没了的无聊事实，也没有让人心烦的枯燥历史。”[1]

需要强调的是，虽然这些新一代的儿童作家反对说教，但这并不意味着他们在作品中避谈道德，实际上，他们希望从跌宕起伏的冒险情节或者温情脉脉的童话故事中自然而然地引出一个个道理。为了彻底摆脱家庭的束缚，小主人公们要么是无父无母的孤儿，要么只能与寡母相依为命，即便父亲尚在，也一般不是身残，就是恶棍，总之，小主人公必须有自主权，具备独自一人闯天下的条件。这种模式的影响非常广泛，代表作家是奥利佛·奥普蒂克（Oliver Optic）和霍雷肖·阿尔杰（Horatio Alger）。

奥普蒂克是19世纪末美国最多产、最成功的儿童作家之一。曾有位批评家说过：“每个孩子在一个特定的时期，就是他开始集邮票，腿短得还够不着自行车脚蹬的时候，都迷恋过奥普蒂克。”[2] 1854年，为了给学生提供合适的阅读材料，这位来自新英格兰的主日学校的校长开始了他第一本故事书的创作，即此后一版再版的《轮船俱乐部》。此书延续了阿博特式的传统风格，说的是孩子们在父亲的指导下，学习如何控制自己的脾气、纠正不当的言行和尊敬顺从父母长辈。虽然故事中的某些情节——打架、抢劫、溺水等——对于阿博特来说可能难以接受，但是它的说教主题与阿博特的作品基本一致。他的另一部作品《工作与成功》也有着明显的说教意味，这点从标题就可见一斑。故事说的是一个勇敢却懒惰的流浪孤儿在经历一连串的折磨和考验之后，最终成长为

1 Daniel T. Rodgers, *The Work Ethic in Industrial America, 1850-1920* (Chicago: The University of Chicago, 1978), 134.

2 Daniel T. Rodgers, *The Work Ethic in Industrial America, 1850-1920*, 136-137.

"勤劳、有用、可靠"[1]的有为青年。

奥普蒂克尤其反对当时提出的"孩子就是孩子"的现代教育理论。他在《一点一点进步》里直接批评了这一思想。在解释为何小托马斯的行为如此糟糕时，他认为责任在于孩子的父亲——"一个闲散、随意的人，对于道德和宗教责任与做父亲的义务都没什么兴趣。""他最喜欢的理论就是放任孩子不管，孩子自然而然就会做好。往孩子的脑袋和心里塞些条条框框毫无用处……当孩子需要它们的时候自然能找到它们。"[2]在奥普蒂克的作品中，所有像小托马斯这样被放任不管的孩子都失败了，而像保罗那样有父亲悉心教导和监管的孩子才笑到最后。

然而，奥普蒂克并不打算将枯燥的说教进行到底，实际上，早在五十年代末，当他决定再版《轮船俱乐部》故事集时，睿智的父亲就已经从故事里消失，只剩下小主人公只身周旋于复杂的社会，锻炼性格。在后来的作品中，他距离道德说教渐行渐远，故事的情节也越来越惊险传奇，但他始终坚称："我只不过有时比我所希望的要'耸人听闻'了一点而已。"[3]他一方面要给读者"健康的道德训诫，"另一方面又希望故事有足够的"动人心弦的趣味性"[4]来吸引年轻的读者，两难之下的选择是让小主人公在外历经各种冒险和磨难，然后将道德说教点缀其间。

在利用传奇故事说明道理，尤其是勤劳节俭的工作伦理方面，奥普蒂克的门徒霍雷肖·阿尔杰显然更胜一筹。虽然阿尔杰的故事也是与普通孩子几乎绝缘的遗产纠纷、冒名顶替、花言巧语的骗子、背后放冷箭的亲戚等等，但是在这些富有传奇色彩的故事背后，他向读者传递着显而易见的道理：勤劳节俭、诚实进取是取得成功的法宝，即便是身处社

1 Oliver Optic, *Work and Win; or Noddy Newman on a Cruise* (Boston: Lee and Shepard Publishers, 1865), 287.

2 Oliver Optic, *Little by Little; or The Cruise of the Flyaway* (Chicago: M. A. Donohue, 1860), 14.

3 Oliver Optic, *The Boat Club; or The Bunkers of Rippleton* (Boston: Lee and Shepard Publishers, 1897), 11.

4 Oliver Optic, *The Boat Club; or The Bunkers of Rippleton*, 6.

会底层的最贫穷的男孩，只要具备这些素质，最终都能实现从“贫儿到王子”的梦想。他始终牢记自己的责任，向年轻的读者施加全面的影响。借助故事手段宣扬诚实、勤劳、节俭和进取心。故事的题目有时就能很好地说明这一点：《奋斗与成功》、《锐意进取》、《拼搏向上》、《从乡村男孩到参议员》等等。

富兰克林和狄更斯是阿尔杰最喜欢的两个作家。从富兰克林的《自传》里，他找到了获得成功必备的条件，从狄更斯的社会小说里，他学习如何把故事说得更生动、更吸引人一些。富兰克林在镀金时代的号召力是无所不在的，用美国作家、教育家路易斯·B·赖特(Louis B. Wright)的话说，他是“商业成功这个宗教的最高祭司”。[1]阿尔杰对富兰克林的崇拜是毋庸置疑的。他的故事里有五个叫本的小主人公和两个叫本的资助人，还有一个叫本的资助人干脆宣称自己就是本杰明·富兰克林的后人，此外，还有些小主人公的生活经历与富兰克林相似。在《定能崛起》和《步步高升》两个姊妹篇里，小主人公哈瑞·沃顿在读完一本关于富兰克林生平的书之后，就立志效仿富兰克林，盼望能够出人头地。他的发迹史几乎是富兰克林《自传》的翻版：一文不名的新英格兰乡村男孩凭借努力奋斗，成为报纸的编辑（用富兰克·林这个名字发表作品），最后在28岁当选国会议员，至此，他实现了老师当初对他的期许：“像他（富兰克林，作者注）一样实现自己的人生价值，为人类造福。”[2]这种“鲤鱼跳龙门”式的故事在阿尔杰的笔下随处可见，流传最广的无疑是《烂衫迪克》。擦鞋童迪克与其他许多街头小英雄一样是个孤儿，他有缺点——奢侈浪费、抽烟、赌博，但品格优秀——“他从不做任何卑鄙或不光彩的事，他不偷不骗，不恃强凌弱，而是为人坦率，

1 Louis B. Wright, “Franklin’s Legacy to the Gilded Age,” *Virginia Quarterly Review* 22 (1946), 279.

2 Horatio Alger, *Bound to Rise; or Harry Walton’s Motto* (Philadelphia: The John C. Winston Co., 1873), 53.

光明磊落，有独立性，有男子汉气概，”[1] 最重要的是，他工作努力。当他决定放弃赚多少花多少、得过且过的生活，开始认真学习时，他又表现出坚定的意志。凭借勤劳、节俭和诚信，他终于从“烂衫”迪克成为体面的会计室职员。

尽管阿尔杰有相当多的作品都是围绕“勤劳节俭的合法所得”[2] 展开的，说教意味浓厚，但是许多批评者对此并不满意。他们认为，阿尔杰确实反复强调了勤劳节俭等美德，可惜的是，他没有具体叙述这些街头小英雄们培养美德的过程，例如，他们是如何勤奋工作、吃苦耐劳的，他只是告诉读者这些美德，好像一切皆是与生俱来的。此外，从情节的设置来看，小英雄们的成功似乎更多的是来自于幸运女神的眷顾或者贵人相助。这种峰回路转的故事情节当然会吸引读者的眼球，但是它们精彩却不现实，毕竟接二连三的好运气不是什么人随便就能碰到的，而且它会让读者忽视现实生活的复杂与艰辛，造成“成功易得”的假象。正如美国戏剧家拉塞尔 · 克劳斯 (Russel Crouse) 所说：“他（阿尔杰，作者注）反复仔细言说的这些高贵品质……在最后的成功里扮演了至关重要的角色吗？他们没有。”[3] 批评者们认为，过早、过多地接触此类作品不仅起不到激励儿童的作用，反而会让人意志消沉，因为它造就的不是劳动者，而是梦想家。

批评的声音持续了整个八十年代，但这不仅没能降低读者对奥普蒂克和阿尔杰这类儿童作家的喜爱程度，相反，一直坚守传统路线的儿童杂志，如《青年之友》和《圣尼古拉斯》，也开始迎合大众口味，刊登一些颇具戏剧性的故事。可以说，在 19 世纪后期，品德优秀的孤儿单身闯社会，经过磨练，最终发现自我，有所成就的主题已经成为儿童作家经常采用的桥段。假使换个角度，撇开阿尔杰故事中过多的巧合不

---

1 Horatio Alger, *Ragged Dick; or Street Life in New York* (Philadelphia: The John C. Winston Co., 1895), 18.

2 Horatio Alger, *Risen from the Ranks; or Harry Walton's Success* (New York: New York Book Company, 1910),

3 John P. Sisk, "Rags to Riches," *Children's Literature Review* Vol. 87 (2003), 352-354.

谈，读者至少能从他的故事中得出这样的结论：幸运女神只眷顾有道德的人，成功只属于勤劳、节俭、诚实、勇敢的孩子。可以看出，阿尔杰在用情节吸引读者的同时，仍然竭力把道德说教放在了必不可少的位置上。

纵观整个19世纪，儿童文学经历了从教育主义到儿童本位的转变。有学者认为这反映了中产阶级工作伦理中禁欲苦修的一面正面临蚕食，这种说法不无道理，但是，传统道德与现代形式在儿童文学中的结合——尽管有时不那么完美——也增强了传统道德的生命力。因此，客观地说，故事中的具体工作实践减少了，但是工作的伦理价值得到了提高。其实，这也是以宣讲美德为己任的儿童作家应对日益工业化的美国社会的无奈之举。面对大量处在社会底层的穷苦儿童，以及在血汗工厂卖命干活的悲惨童工，为了给孩子营造一个充满希望的美好世界，他们不得不回避现实，将故事的场景安排在工业社会之前的乡村，手工作坊，或者是与世隔绝的海轮上。虽然阿尔杰的故事几乎都是以大城市为背景，但是，工厂童工却是他从未落笔的一个群体。这些出生于内战之前，在埃奇沃思、阿博特和《麦加菲读本》的陪伴中长大的作家们仍然坚信道德的力量，认为人们只要持之以恒地辛勤劳动，朴素节俭，诚实守信，把握机遇，就一定能出人头地，成为《自传》里的富兰克林，成为拥有一亩亩钻石的伟人。

第三章　劳动异化与工作伦理的改变

内战之后，美国开始向工业化强国迈进，经济发展非常迅猛，在19世纪末已经跃居世界首位。工业生产创造出了巨大的物质财富，但也造成了巨大的贫富差距。工人努力工作却依然穷困潦倒，勤劳刻苦、自力更生就能取得成功的工作伦理开始受到质疑。但是，在这一时期，个人主义在美国仍然根深蒂固，它与社会达尔文主义的结合更是将个人奋斗、追逐财富的思想发挥到了极致，也为经济垄断、阶级分层和贫富分化找到了借口。到了19世纪末，社会达尔文主义自由竞争的理论已经不符合社会经济发展的需要，过度竞争导致的腐败和贫困等问题开始受到关注，社会上掀起了一场自由主义改革运动，为美国步入福利国家准备了条件。

第一节　工业革命的兴起与劳动的异化

1873年，马克·吐温和朋友查尔斯·达德利·华纳(Charles Dudley Warner)携妻参加一个晚餐聚会，席间，两位作家对时下女性喜好的读物表示不屑，两位妻子随即发下战帖，请两位作家拿出更好的作品以飨读者。冲动之下，二人应战，并以极快的速度合著了一部广为流传的文学作品《镀金时代》。马克·吐温坦言，小说的目的是要讽刺当时社会上无所不在的商业投机，以及毫无廉耻的腐败现象。六年后，经济学家和社会改革家亨利·乔治 (Henry George) 的《进步与贫困》出版，书中描绘了一个令人困惑、不安的景象：工业化和商业化的社会带来了前所未有的物质财富和商业繁荣，但许多普通民众的生活依然艰难。贫穷并没有如人们所期望的那样成为历史，相反，富者愈富、贫者愈贫的现象愈演愈烈，贫富差距不断扩大。亨利·乔治不由地感慨，在一个丰裕的时代，美国人却依然贫困。

无论是马克·吐温对镀金时代的讽刺，还是亨利·乔治对劳苦大众的同情，他们展现的都是十九世纪下半叶到二十世纪初美国工业化过程中的社会乱相，其中尤为关键的就是劳动的付出与财富的分配问题。根据经济学家道格拉斯·诺思 (Douglass North) 等人的研究和统计结果，从 1865 到 1914 年间，美国国内的实际人均收入年增长率为 2%，考虑到美国从内战后到 19 世纪末经历了一段较长的物价下跌时期，据估计，从 1865 至 1890 年间，人们的实际人均工资增长了近 70%。[1]因此，一些历史学家认为，美国在 19 世纪末到 20 世纪初的社会动荡，并不是因为物质匮乏，而是社会经济模式改变导致的缺少安全感的表现。诺思的统计数据确实体现了美国的日益繁荣和部分人的发达，然而，这并不意味着所有人都是齐头并进跑步进入“小康”社会。首先，人均的概念不足以说明个体财富增长的幅度。其次，在几十年的发展中，贫困线的标准是在不断上升的，例如爱荷华州的迪比克市，在 1860 到 1870 年的十年间，贫困人口的财产界限从 100 美元上升至 500 美元。[2]再次，失业人口的增加使一些人处于赤贫的状态。在 1893-1897 年的经济萧条中，仅 1893 年一年之内，破产倒闭的企业和银行总数分别达到 15,000 家和 600 家之巨，[3]失业人数一度达到 200 万至 300 万之间，占当年全部劳动人口的 15%-20%，即便是在经济形势较好的情况下，仍有一部分人

1 韩启明：《建设美国：美国工业革命时期经济社会变迁及其启示》，中国经济出版社 2004 年版，第 319 页。

2 Russell L. Johnson, *Warriors into Workers: The Civil War and the Formation of Urban-industrial Society in a Northern City* (New York: Fordham University Press, 2003), 287.

3 张友伦：《美国工业革命》，天津人民出版社 1981 年版，第 175 页。

找不到工作。失去工作的人们等于失去了全部的生活来源和依靠，正如亚当·斯密所说，普通工人只要失业一周，便无法生存下去。最后，高强度的超时劳动与所得报酬不成正比。英国贵族詹姆斯·基特森(James Kitson)在1907年访问匹兹堡后惊骇地表示，“老板们对工人的逼迫是本国人（英国人，作者注）难以想象的，他们要榨干工人身上最后一丝精力，工人则不愿也没有能力抗拒这股压力。”[1]总之，实际的情况是，大部分的工人工作越来越辛苦，贫富差距越来越大，挣扎在贫困边缘、为生存而四处奔波的人越来越多。

作家马克·吐温看到了这种畸形的社会现实，并把它真实地展现了出来，经济学家亨利·乔治则进一步分析了原因所在，并提出了解决办法。在《进步与贫困》中，亨利·乔治指出，贫富分化的主要原因在于劳动者被剥夺了土地，在于土地垄断和地租。要清除贫困，必须实行土地国有化，征收地价税归公共所有，废除一切其他税收，使社会财富趋于平均。实际上，他对地租问题的看法与李嘉图和穆勒一脉相承，并无新意，唯一的亮点，即征收单一地价税归公所有，也被认为是符合迅猛发展中的工商业资本集团对土地的强烈欲望，而且，他还把这种欲望披上了全民利益的外衣，以便使他的理论看起来具有更加广泛的社会基础。因此，马克思认为，此书“是拯救资本主义制度的最后尝试，”他“在理论方面是非常落后的，他根本不懂得剩余价值的本质。”[2]

如果说亨利·乔治不懂得马克思在《资本论》中详细论证的剩余价值理论，那么普通民众对此更是一无所知，“社会成员的一方无偿占有另一方的剩余劳动”这样的说法只会令他们云山雾罩，不明所以。然而，理论知识的匮乏并不影响他们的实际感受。在工业革命的飓风席卷而来的过程中，大量的农民和小手工业者被迫放弃赖以谋生的手段，进

1 Paul Bernstein, *American Work Values: Their Origin and Development* (Albany: State University of New York Press, 1997), 143.

2 〔德〕马克思，恩格斯著，本书翻译组译：《马克思恩格斯全集》（第35卷），人民出版社1956年版，第184，191，192页。

入城市寻找机会，他们中的绝大多数成为了新兴工商业经济中处于依附地位的雇佣劳动者。1870 年，美国农业人口占全国总人口的 51.5%，到 1910 年这个数字降低到了 32.5%，[1] 据估计，1860 年到 1910 年，美国流入城市的人口增长了 7 倍，而且集中于大城市，这造成了美国城市人口的急剧膨胀。美国城市人口从 1800 年的 32.3 万增至 1910 年的 4199.9 万。[2] 与此同时，工厂的规模不断扩大，需要大量的劳动力补充空缺的工作岗位。美国工厂数量从 1849 年的 12.3 万个增至 1899 年的 50.1 万个。[3] 非农业就业人口成倍增长，特别是制造工业的劳动人口大幅增加。1810 年只有 75,000 人在制造业工作，而到了 1860 年这个数字增长到 130 多万。在接下来的 50 年中，制造业在劳动力总数中所占份额继续上升，并在一战结束后达到顶峰，约为 27%。[4] 具体到迪比克市，从 1860 年到 1870 年的十年里，越来越多的人口进入制造业，成为雇佣工人。占全市工厂总数不到十分之一的大型工厂雇佣的工人数量从 1860 年的 12% 上升至 1970 年的 45%，再加上其他小型工厂的工人，全市有近五分之三的人口供职于各类机械化或半机械化的工厂。这一趋势在内战后尤为明显，甚至许多招工广告上特别注明，要求“懂得使用机器”。[5] 与传统的手工艺人必须精通整个工艺流程相比，工厂工人的技能相对单一，只需熟练操作生产过程中某个特殊环节，并且循环往复即可。他们已经将产品的最终控制权——产品数量，生产速度，产品质量——移交给了雇佣者。作为新的经济模式的一部分，他们必须服从雇佣者的统一管理，标准化生产，专业化技能，再加上严格的作息时间和成本控制，他们越来越深刻地感觉到独立地位的丧失，林肯口中的“自由劳动者”不断减

1 Simons S. Kuznets & Dorothy S. Thomas, ed., *Population Redistribution and Economic Growth, United States, 1870-1950* (Philadelphia: American Philosophical Society, 1960), 39.

2 陈弈平：“美国人口外迁与美国的城市化，”《美国研究》，1990 年第 3 期，第 114 页。

3 陈弈平：“美国人口外迁与美国的城市化，”《美国研究》，第 117 页。

4 〔美〕杰里米·阿塔克，彼得·帕赛尔著，罗涛等译：《新美国经济史：从殖民地时期到 1940 年》，中国社会科学出版社 2000 年版，第 457 页。

5 Russell L. Johnson, *Warriors into Workers: The Civil War and the Formation of Urban-industrial Society in a Northern City* (New York: Fordham University Press, 2003), 286.

少。原本受雇于他人，在经济上依附于他人，在机会遍地的美国只是个暂时性的过渡阶段，人们相信，任何勤劳节俭的美国人，通过自身的努力都可以获得属于自己的土地和其他生产资料和资本。林肯曾经豪情万丈地宣称，在美国，没有一个永久的受人雇佣的劳工阶级。但事实恰恰相反，从十九世纪中后期开始，美国正在形成一个庞大的、固定的劳工队伍。社会分工也随之成为普遍现象。必须肯定的是，社会分工标志着人类社会的进步，它对提高劳动生产率和增加国民财富有极大的作用。作为一种生产方式，它是技术进步和生产社会化的产物，与其所处的特定社会生产关系没有直接联系。但在阶级社会中，社会既得利益者往往通过剥削的手段迅速聚敛财富，工人则成为被剥削者。

1820 年，大约 80% 的美国人的生活来源来自于个人或者家庭财产，属于林肯所说的“自由劳动者”。到了 1870 年，67% 的美国人为他人工作，成为拥有出卖劳动力给任一雇主的“自由”，却不得不以出卖劳动力为生的另一种“自由劳动者”。到了 1920 年，大约四分之三的美国人必须在劳动力市场寻找机会，通过受雇于他人获得工作机会和维持生活的薪水，美国已经成为一个彻底的“雇员国家”。即便是仍然拥有土地的自耕农民，在日益加深的工商业化和城市化的进程中，也越来越依赖外部市场获得生产资料、资金、销售市场等，自给自足的经济模式已经逐渐成为历史陈迹。

在这股向机器大生产转变的风潮的早期，也就是十九世纪上半叶第一次工业革命时期，社会上曾经出现过为工厂机械化大唱赞歌的情形。参议员丹尼尔·韦伯斯特 (Daniel Webster)1838 年的参议院演讲，以及 1855 年康涅狄格州农业协会散发的宣传册都对工业化的好处大加赞扬。但是这种赞美很快便被来自各方的批评和质疑所笼罩，其间还伴随着人们对杰斐逊农业社会的怀念。杰斐逊对农业社会推崇备至，称自耕农是国家最宝贵的成员，农业是最有益、最富成果的社会劳动，共和、民主、自由、平等的理念也只有在一个独立自主的自耕农占主导地位的国家才能够真正实现。终其一生，他都对工业和大城市持怀疑的态度，担心美国重蹈欧洲的覆辙，出现城市贫民、阶级对立、过度拥挤，以及脏乱差等“罪恶”现象，损害和腐蚀人民的身心健康。因此，尽管他也采取过保护和促进国内工商业发展的措施，但他打心眼里是不希望工商业成为美国经济的根本支柱的。

然而，社会有其必然的发展方向，美国不仅在19世纪逐步走上了工业化的道路，而且在第二次工业革命之后，出现了规模庞大的垄断组织。20世纪初，垄断已经成为美国经济生活的基础，垄断组织遍布工厂、矿山、油田、铁路以及公路事业各部门。垄断组织依靠雄厚的资本和先进的技术设备等优势加强对市场的控制，大肆吞并中小企业。标准石油在1882年成立首家托拉斯时，已经控制了全国90%以上的炼油能力。[1] 1884年美国棉籽油托拉斯成立，控制了全国约70家工厂。[2] 这股工业合并的风潮在19世纪90年代末呈现出了加速发展的势头。据估计，仅1904年，318起兼并一共涉及全国各地5,300家公司，投资额超过70亿美元。[3]

合并运动对制造业的发展有重大的意义。近一半的合并企业占据了本行业40%的市场份额，25%以上的合并企业吸收了70%以上的市场份额。据推算，在1899年合并运动的高潮时期，17%以上的国民收入来自于垄断企业，最大四家企业的产出至少占整个行业总产出的一半。[4]

垄断还促成了银行资本与工商企业资本的融合，形成金融资本，出现金融寡头，他们不仅能够支配国民经济，而且操纵政府，干预政务，成为主导美国政府对内和对外政策的幕后力量。作家弗雷德里克·汤森·马丁 (Frederick Townsend Marin) 在《闲懒富豪生活录》(1911) 中

1 〔美〕杰里米·阿塔克，彼得·帕赛尔著，罗涛等译：《新美国经济史：从殖民地时期到1940年》，中国社会科学出版社2000年版，第474页。

2 〔美〕杰里米·阿塔克，彼得·帕赛尔著，罗涛等译：《新美国经济史：从殖民地时期到1940年》，第475页。

3 〔美〕杰里米·阿塔克，彼得·帕赛尔著，罗涛等译：《新美国经济史：从殖民地时期到1940年》，第477页。

4 〔美〕恩格尔曼等编，高德步等译：《剑桥美国经济史：漫长的19世纪》(第二卷)，中国人民大学出版社2008年版，第308页。

一针见血地揭示出谁才是美国政府真正的掌控者。他在书中写到："哪个政党当政，哪个总统上台，这都毫不重要。我们不搞政治，也不做学问；我们是有钱人；美国攥在我们的手心里；我们到底是如何获得这地位的，只有上帝才知道；但我们决心保住这个地位，集合起我们所有的力量——强有力的支持、影响力、金钱、政治关系、收买的参议员、贪婪的议员和能言善道的煽动者——去反对那些可能危及我们财产的任何法律、任何政纲和任何总统选举。"[1]

工商业化的结果是财富的大量集中。19 世纪初期，美国是一个农业国家，除了极少数商人和大地主较为富有之外，绝大多数社会成员是农民和小手工业者等普通劳动者，无需为生计发愁，而且他们的收入大体相当，也省却了彼此攀比的烦忧。托克维尔在 30 年代游历美国时，形成的最深刻印象之一就是美国人民中普遍存在的生存条件和资源分配的平等状况。那时大富豪还是稀罕物，据估计，到 19 世纪中期，身价在一、二百万美元以上的成功人士也不过寥寥数人，与 19 世纪后期出现的超级富豪相比，这些"前辈"实在是不够瞧的。从财富的分配来看，这些新贵们凭借其在生产领域的支配地位，占有着与其人口比例极不相称的社会财富。当时的百万富翁家庭不到全国家庭总数的 1%，但其收入却占到了全部国民收入的 10% 以上。其中，最为富有的寡头仅 10 人，其财富都在一亿美元以上。[2] 这些社会新贵往往生活奢侈，住豪宅，享盛宴，招摇之态惹人生厌。

与财富集中相对的则是普通民众的贫穷。1890 年，处于社会下层的 44% 的家庭（约 550 万户）仅拥有 1.2% 的社会财富，平均每个家庭仅为 150 美元左右；位于社会顶端的 1% 的家庭（约 12.5 万户）平均拥有的资产达到 24.6 万美元，是社会下层民众资产的 1,600 多倍。从收入

1 Frederick Townsend Martin, *The Passing of the Idle Rich* (Garden City: Doubleday, Page & Company, 1911), 149.

2 丁则民主编：《美国通史——美国内战与镀金时代：1861—19 世纪末》，人民出版社第 2002 年版，第 102—103 页。

来看，历史学家加布里埃尔·科尔科 (Gabreil Kolko) 在 1910 年将全美所有的家庭根据收入由高到低分为十等分，最穷的两个群体年收入的总和（8.3%）尚不足收入最高的第一群体（33.9%）的四分之一，甚至近一半的美国家庭收入之和（27%）也不及这一个群体。那个时期的不熟练工人以及大部分工厂工人，光靠自己的工资是无法养家糊口的，许多家庭必须打发自己十来岁的孩子和尚未出嫁的女儿外出打工，补贴家用，这也是导致当时雇佣童工和妇女工作的现象异常普遍的原因之一。

贫富差距的扩大，工时的延长，以及体力劳动者日渐丧失的社会地位，促使一部分工人开始质疑传统的工作价值理论。尽管此时的主流社会仍大力宣传勤劳致富的工作伦理，并且有卡内基这样的白手起家的超级富豪做榜样，有著名演讲家拉塞尔·康韦尔 (Russell Conwell) 激动人心的演讲为鼓舞，有教堂牧师不厌其烦的谆谆劝诫，尽管人们仍然倾向于相信在美国这片充满机遇的乐土上，只要足够努力，足够勤劳，就一定能够取得成功，但事实是，越来越多的产业工人发现，高强度的工作和微薄的工资无论如何也达不到理想与现实的统一。在工厂里，劳资双方争论的一个焦点是每日必须的工作时长。在农业经济时代和工业化的早期，人们遵循的是日出而作，日落而息的传统，但在 19 世纪三、四十年代，随着煤气灯的普遍使用，工厂主将规定的工时延长到每日 12-14 个小时，不分季节。他们坚称："劳动不是诅咒。一个人的失败不是因为他每日的工作，而是因为他平白浪费的时间，"因此，要让他们"干更多的活，干更长的时间，这样，你就会发现，他们无论是在身体上还是道德上都会有所进步"。[1] 工人对雇主这番说辞则不以为然，他们要求缩短劳动时间，提高劳动报酬。双方的斗争从 19 世纪初开始，在 1886 年的"五一大罢工"达到高潮，工人们强烈要求在全国范围内确立

1 Daniel T. Rodgers, *The Work Ethic in Industrial America: 1850-1920* (Chicago: The University of Chicago, 1978), 155-156.

八小时工作制——“八小时工作制的关键不在于八个小时，而是减少贫穷。”[1] 当中产阶级的道德说教仍在贬低懒惰和玩乐时，工人阶级已经喊出了“八小时工作，八小时休息，八小时随心所欲”的口号。

劳资双方斗争的另一个焦点是劳动强度和纪律。劳动时长的缩短意味着雇主必须制定更加严格的纪律和更高的劳动节奏才能挽回损失，但由于人群不同，地区有异，行业有差，纪律的严格与否和劳动强度的高低委实难以界定。可以肯定的是，与欧洲同行相比，美国工人的劳动强度更大，纪律更加严格。英国帽商詹姆斯 · 彭斯 (James Burns) 在内战期间回国后向同乡抱怨美国人对劳动的胃口如饕餮一般；90 年代一个法国工人代表团在访问美国工厂时，对工人安静的工作环境表示了困惑，“没人说话，没人唱歌，四处弥漫着一股严肃的沉默气氛，”完全不同于法国车间内的喧嚣吵闹。几年后，另一个英国工人代表团对美国进行了更加深入的访问，结论是美国工人并不比英国同行更加敬业，所谓的“永久忙碌”不过是以讹传讹的民间传说，但同时他们也不得不承认，美国工人在禁酒和自制方面更胜一筹。[2] 为了确保工人在工作期间全心投入，马萨诸塞州洛厄尔市的一家工厂在 1867 年制订了一系列的厂规，包括上班时间关闭厂门，工人必须穿统一制服。这些在 20 世纪大多工商企业再平常不过的规定，在当时却无异是挑战确立已久的传统，是一种侵犯个人权利的“奴隶制度”。

为了各自的利益，雇主与雇工之间相互斗法，使出的招数就是强迫与反强迫。对大多雇主来说，工作是控制工人的一种手段，是赚取利润的必须行为；对许多劳动者来说，劳动已经丧失了提供幸福和愉悦的功能。在传统的以农业和手工业为主的社会，劳动者享有充分的自主权和独立性，可以自由地发挥自己的体力、智力以及创造力，从劳动过程和劳动产品中获得自我价值实现的骄傲与满足。但是，在进入工业化社会

---

1 Daniel T. Rodgers, *The Work Ethic in Industrial America: 1850-1920*, (Chicago: The University of Chicago, 1978), 159

2 Daniel T. Rodgers, *The Work Ethic in Industrial America: 1850-1920* 161.

以后，流水线上的工人只需承担产品制造过程中的一个或几个环节，所谓的标准化作业实际上也就是缺乏创造力的无聊重复，再加上恶劣的劳动环境和劳动自主权的丧失，劳动者在劳动中“并不肯定自己，而是否定自己，并不感到幸福，而是感到不幸，并不自由地发挥自己的肉体力量和精神力量，而是使自己的肉体受到损伤、精神遭到摧残”。[1]

正是基于资本主义机器大生产的社会背景，马克思在《1844年经济学哲学手稿》中提出了异化劳动理论。“异化”一词由黑格尔首次引入哲学领域，他认为，所谓“异化”，是指主体的活动及其产物变成了主体的异己力量，并反过来危害或支配、统治主体本身。黑格尔从唯心主义出发，认为“绝对观念”是主体，发展到一定阶段便异化为自然界，然后又在发展中扬弃了异化，回到“绝对观念”自身。费尔巴哈则将“异化”运用到对宗教的批判上。他认为，异化的主体是感性存在的人，人的本质是理性、意志、感情，而上帝是理性迷雾的产物，是人的本质的对象化、客体化，人的本质的丧失。宗教的产生正是根源于人的本质的自我异化。赫斯把费尔巴哈的异化理论从宗教领域扩展到政治经济领域，认为在资本主义社会中，金钱是人的本质的异化，是统治人、支配人的力量，并认为私有制是异化的根源，要克服异化必须消灭私有制。但就如何消除异化，赫斯只是简单地求助于“爱”的说教，没有真正揭示异化产生的原因。马克思在批判和改造黑格尔、费尔巴哈以及赫斯的异化理论的过程中，看到了资本主义社会中工人和资本家的极端对立，看到了劳动价值理论同资本主义占有之间的深刻矛盾，进而把异化和劳动结合起来，提出了异化劳动理论。[2]

在《手稿》中，马克思从四个方面对异化劳动进行了考察。第一，劳动者与自己的劳动产品相异化。马克思从“当前的经济事实”出发——即资本主义社会劳动者所生产的产品为资本家占有，无产阶级处

1 〔德〕马克思著，刘丕坤译：《1844年经济学哲学手稿》，人民出版社1979年版，第47页。

2 迟成勇：“评析《1844年经济学哲学手稿》中的异化劳动理论，”《广西大学学报》，2007年第5期，第48页。

于贫困，揭示出在资本主义社会，“劳动者生产的财富越多，他的产品的力量和数量越大，他就越贫穷。劳动者创造的商品越多，他就越是变成廉价的商品。”这一事实表明：“劳动所生产的对象，即劳动产品，作为异己的东西，作为不依赖于生产者的独立力量，是同劳动对立的。”[1]可见，在资本主义生产中，劳动者不仅不能占有劳动产品，反而在产品中丧失自己，不断成为自己对象的奴隶。

第二，劳动者与自己的劳动行为本身相异化。劳动者同自己的劳动产品之间的异化关系，决定了劳动者同自己的劳动行为本身之间的关系也必然是异化关系。劳动把人从动物中区别出来，是人类最基本的实践活动，人在劳动中肯定自己，自由地发挥自己的体力、智力和创造力，在劳动中感到自由幸福和愉悦。但是，在资本主义雇佣制度下，劳动者要听从雇主的支配，劳动不再是自由自觉的活动，而是一种被迫的强制劳动。因此，“劳动者在自己的劳动者中并不肯定自己，而是否定自己，并不感到幸福，而是感到不幸。……劳动者只是在劳动之外才感到自由自在，而在劳动之内则感到怅然若失。劳动者在他不劳动时如释重负，而当他劳动时则如坐针毡。……只要对劳动的肉体强制或其他强制一消失，人们就会像逃避鼠疫一样地逃避劳动。”[2]这表明，劳动者的劳动不是属于他自己，而是属于别人。由于“劳动从属于资本，工人从属于资本家，工人失去了人格上的独立性，因而也失去了意志和意识的独立性，人在劳动过程中不能体现自己的自由意志”，[3]因此，劳动过程中人的存在为非人的存在，劳动行为的异化导致劳动者的自我异化。

第三，人与人的类本质相异化。“类本质”是费尔巴哈的用语，用以表示人的意识同动物意识的区别。马克思在此处沿用了费尔巴哈的概念，但赋予其不同的内涵。马克思肯定人是类存在物，但认为人与动物的区别，即人的“类本质”在于人能够进行自由自觉的实践活动。动物

1 〔德〕马克思著，刘丕坤译：《1844年经济学哲学手稿》，人民出版社1979年版，第44页。
2 〔德〕马克思著，刘丕坤译：《1844年经济学哲学手稿》，第47页。
3 胡贤鑫：《〈资本论〉伦理思想研究》，湖北人民出版社2006年版，第164页。

是和它的生命活动直接同一的，它的生产受直接的肉体需要的支配，而人可以摆脱肉体需要，真正地进行生产，使自己的生命活动本身变成自己意志和意识的对象。正是通过对对象世界的改造，人才实际上确证自己是类的存在物。但是在资本主义社会，人的生产对象被剥夺，劳动产品与劳动者相分离，劳动丧失了自由自觉的特性，变为维持人的肉体生存的手段，导致人与人的类本质相异化。“人的类的本质——无论是自然界，还是他的精神的、类的能力——变成与人异类的本质，变成维持它的个人生存的手段。”[1]

第四，人与人相异化。人同自己的劳动产品、自己的生命活动、自己的类本质相异化所造成的直接结果就是人与人相异化。马克思写到：“如果劳动产品不属于劳动者，并作为异己的力量与劳动者相对立，那么，这只能是由于产品属于别人而不属于劳动者。如果说劳动者的活动对他本身说来是苦恼，那么，这种活动就必须给别的什么人带来享受和欢乐。不是神灵，也不是自然界，而只有人本身才能是这个支配人的异己力量。”[2]这就是说，人同自身的关系，只有同其他人之间的相互关系中才能表现出来。如果说人同自己的劳动产品相异化，那么就有一个敌对的他人剥夺了劳动者的劳动果实；如果说人在劳动中感受到压迫，那么，就会有另一个人强迫和压制劳动者去劳动。“通过异化劳动，人不仅生产出自己同作为异己的、与之相敌对的力量的生产对象和生产行为的关系，而且也生产出其他人同他的生产和他的产品的关系，以及他本身同这些其他人的关系。正像他把他自己的生产变成他自己的非现实化，变成对他自己的惩罚一样，正像他丧失掉自己的产品并使之变成不属于他的产品一样，他也生产出不事生产的人对生产和产品的支配。”[3]其中，与劳动者相对立的“不事生产”的人就是资本家。马克思通过物的关系看到了人的、阶级的关系，揭示了资本主义社会无产阶级和资产

1 〔德〕马克思著，刘丕坤译：《1844年经济学哲学手稿》，人民出版社1979年版，第51页。

2 〔德〕马克思著，刘丕坤译：《1844年经济学哲学手稿》，第53页。

3 〔德〕马克思著，刘丕坤译：《1844年经济学哲学手稿》，第53—54页。

阶级的对抗。

实际上，异化劳动同人类社会的发展进程紧密相连，是人类社会发展到一定历史阶段的必然产物，它和人类发展的本质、生产力发展水平直接相关。马克思认为，在历史上，产生异化的原因是社会分工的出现。总的说来，可以从两个层面对社会分工进行讨论。首先是从社会的宏观层面来划分分工。从这个层面来说，分工使私有制得以确立，把人分裂为不同的阶级，人与人之间相互对立；分工又使人沦为受限制的动物，只能在强加于他的范围内活动。其次是从某一职业的微观层面来划分分工。在这个层面上，劳动者被限制在某一固定工作岗位上，而且由于工作要求的技能更加单一、片面，人局限在一个更加狭小的空间里，造成劳动者发展为更加片面和机械的人。

马克思着重批判了资本主义工场手工业内部的劳动分工，指出工人被迫麻木机械地从事某一项单调的劳动，这种分工剥夺了他们劳动的愉悦和快感。马克思认为，在机器大生产之前的社会中，劳动分工的发展相对凝滞，而且在法律和风俗的限制下几乎固定不变，因此，对劳动者的身心造成的伤害相对有限。但在以机器大生产为特点的工业社会中，社会劳动分工越来越精细，高强度的精密劳动几乎把劳动者变成了跛腿的怪物，即工人自身也发生了异化。美国社会学家戴维·波普诺从四个方面对此做出了解释。第一个层次是无能，即工人无法控制劳动过程，无法控制工作的性质；第二个层次是无意义，即缺乏目的感，工人不能将自己的工作与个人目标结合起来；第三个层次是孤立感，不能与周围同事建立起有效的联系，对集体缺乏归属感；第四个层次是自我疏远，即工人无法表达独特的个性，如创造力等。一般来说，工作组织规模越大，工人异化的程度就越高。[1]

恩格斯对工业社会中劳动分工的批评更加严厉。他认为，被迫劳动

---

1 〔美〕戴维·波普诺著，李强等译：《社会学》(第十版)，中国人民大学出版社 1999 年版，第 522—523 页。

本身就是对劳动者的羞辱和惩罚，这已经够糟糕了，但是，劳动分工加重了这种野蛮的惩罚，简直是糟糕至极。自从瓦特发明蒸汽机以来，工人的活动变得越来越无趣和单调，劳动者几乎沦落为仅为生存而谋食的野兽。起初，工人每日在超长的工作时间里枯燥乏味地重复劳动，当要求缩短工时的呼声越来越高时，资本家又通过计件、提高机器运转速度等方式提高工作效率，加大工人的劳动强度。恩格斯指出，雇主总是通过宣扬劳动光荣、劳动是责任的思想来实现对工人道德上的控制，在这种境况下，工人面临着非此即彼的选择——是在压迫中沉默，亦或在压迫下爆发。“工人必须做出抉择，要么向命运低头，成为一个‘优秀的’雇工，‘忠实地’服从于资本家的利益，从而降格为一头牲畜，要么奋起反抗，为自己的地位抗争到底，这只能在与资本家的斗争中才能实现。”[1]

在马克思和恩格斯看来，工作对19世纪下半叶的绝大多数人来说已经失去了昔日的荣光，它既不能为劳动者提供心理上的满足感，也不是通往成功的坦途。工人的辛勤劳动并不一定能够获得丰厚的回报，而且靠强力提高的工资不过是给奴隶以较好的报酬，既不会使劳动者，也不会使劳动赢得人的身份和价值。“工业化打破了辛勤工作必将获得成功的定论。无论本世纪初的农民或小店主有着怎样的机遇，一个令人烦忧的事实日渐清晰，即那些在19世纪末的纺织厂或钢铁厂里默默无闻工作的半熟练工陷入了困境——纯粹的辛勤工作不再是实现个体经营(self-employed)和获得财富的手段。”[2]尽管社会各界的既得利益者通过各种手段继续宣扬和加强传统的工作价值观，但是异化劳动使得大机器生产下的底层工人萌生出对传统工作价值观的不信任。他们在自己的劳动产品中，恶劣的工作环境中，高强度的工作时段里，以及严格的工作纪律中，得不到内心的自豪感和满足感，无法积累起证明成功的财富。

1 P. D. Anthony, *The Ideology of Work* (London: Routledge, 2001), 128.

2 Sharon Beder, *Selling the Work Ethic from Puritan Pulpit to Corporate PR* (New York: St Martin's Press, 2000), 96.

总的来说，马克思将劳动和劳动者提升到了史无前例的地位。他认为，劳动是人与动物的根本区别，而劳动者通过劳动创造了世界，人的本质正是通过劳动者的劳动体现出来的。但是，当劳动异化之后，工人就沦落到悲惨的生存境地，他们不可避免地遭受资本家的剥削，眼睁睁地看着自己创造的劳动对象被夺走。工人之所以重要是因为他们能够劳动，但恰恰又是劳动迫使他们遭受剥削，陷入贫困。这无疑使得工人们处于一种矛盾的状态：他越是认真勤劳地工作，劳动的异化程度就越深，受到的剥削就越多，但生存的需要和自我价值的实现又迫使他不能放弃工作。马克思的劳动异化理论否定了美国社会传统的劳动价值观，为以机器大生产为特征的工业化社会中的劳动提供了一种新的观念形态。

哲学家马克思的劳动异化理论并没有立即引起美国普罗大众的关注，因为传统的工作伦理在当时的美国主流社会仍然根深蒂固，尤其是在十九世纪八十年代流行起来的社会达尔文主义思想，更是将以勤劳、节俭和致富为核心的传统工作伦理推向顶峰。然而，马克思已经发出了质疑传统工作伦理的呼声，在不久的将来，这一呼声将被越来越多的人所接纳。

第二节　为竞争正言：社会达尔文主义

在十九世纪下半叶的西方科学理论界，有两个人的影响力是无可比拟的，一个是在社会科学上推陈出新的马克思，另一个就是在自然科学领域以一部《物种起源》改变了人们宇宙观的查尔斯·达尔文 (Charls Darwin)。马克思关于社会主义的言论使得他在美国主流社会并不受欢迎，达尔文的境遇则比他好得多。尽管 1860 年《物种起源》在美国首版时恰逢内战前夕，南北双方剑拔弩张，人们根本无暇顾及科学思想的新发展，但是，达尔文的进化论不久之后就显示出了它的威力，在美国科学界引起广泛而又深刻的辩论。科学界几乎一边倒地支持进化论和物种优胜劣汰的自然演进过程，特别是在路易斯·阿加西[1](Louis Agassiz)过世之后，反对达尔文主义的最后一面大旗也颓然倒下。据说在他过世不久，他在哈佛最杰出的八位学生，包括他的儿子在内，都改换门庭，投入支持达尔文主义的阵营。一些有影响力的杂志不仅开始引介达尔文主义，甚至开辟专栏，展开针对达尔文主义的辩论，这也潜移默化地为达尔文主义培养了大批追随者。

在某种程度上，达尔文主义盛行的最大受益者之一是社会学家赫伯特·斯宾塞 (Herbert Spencer)。其实，斯宾塞在达尔文之前便有了进化论的想法。早在 1850 年，即《物种起源》出版近十年之前，斯宾塞就发表了关于进化论的文章。1852 年，他首次使用后来饱受诟病的“适者生存”一词。三年后，《心理学原理》出版。他提出，人类的心智与身体一样，都经历了一个漫长的进化过程。[2] 除了斯宾塞，其他一些科学家也提出过类似的思想，因此，从根本上说，达尔文并不是进化论的创立者，而是最伟大的论证人。然而，正是借着达尔文主义的流行，斯宾塞的社会进化论才获得广泛关注，同时，达尔文的发现也鼓舞了斯宾塞做进一步的研究。

在他十卷本的《综合哲学》里，他追溯了社会与生物在成长、分析与整合过程中的相似性，认为社会有机体同生物有机体一样，在对外界环境的适应过程中，不断完善自我，由低级形态向高级形态进化，由简单向复杂发展。“优胜劣汰，物竞天择”是自然和社会进化的根本动力，正是它促使人类社会向前发展，最终达到至善至美的境界。他用生物学的概念来解释人类社会中人与人之间、国与国之间的一切关系，相信只

1 美国著名的生物学家和地质学家。他 1807 年生于瑞士，在欧洲接受教育，1848 年起在美国哈佛大学担任自然历史学教授一职，直至去世。他是坚定的上帝造物论的支持者，坚决反对达尔文的进化论。其子亚历山大·阿加西是美国著名的博物学家。

2 Edward Caudill, *Darwinian Myths: the Legends and Misuses of a Theory* (Knoxville: the University of Tennessee Press, 1997), 68.

有通过竞争，社会进化才能得以实现，而人类本身在社会进化中完全是被动的，不能发挥任何主观能动性，只能顺应潮流，听其自然。斯宾塞的社会进化理论之所以被称为“社会达尔文主义”(Social Darwinism)，也正是由于它同生物学上的达尔文主义之间的相似性。社会达尔文主义实际上就是将自然科学中的自然选择应用于人类社会的一种社会哲学，在这一点上，社会达尔文主义恰好迎合了当时人们对自然科学的向往与崇拜。虽然后人将之称为社会达尔文主义，但这一理论究竟是否得到达尔文本人的支持一直是一个争论的焦点。

可以肯定的是，斯宾塞和达尔文一样，都受到了马尔萨斯 (Thomas Robert Malthus)《人口论》的影响。马尔萨斯在《人口论》中提出的自然淘汰说——恶习、贫困、战争、疾病、瘟疫、供水等各种形式的积极的抑制[1]将会使人口减少，以达到人口增长与食物供应间的平衡——使斯宾塞和达尔文深受启发。达尔文承认，他在偶然读到《人口论》之后发现，“由于长期对动、植物所做的观察中，已经体会到各处可见的生存竞争，我立刻想到：在这些情形下，便会产生优胜劣汰的结果。最终则形成新的生物种类。”[2]斯宾塞的自然淘汰理论既是从他对人口问题的讨论中发展而来，同时也是在马尔萨斯的启发中获得的灵感，早在1852年他就提出了“人口压力必将对人种产生有力的效果”这种看法。[3]

马尔萨斯在《人口论》中的自然淘汰理论也是他对当时英国《济贫法》的回应。他认为，为穷人提供救济实际上是鼓励贫穷，让不能独立维持家庭的人也能结婚生子，这是供养贫民以创造贫民，会加重贫穷的进一步恶化，最终拖累整个社会。他宣扬穷人之所以贫穷完全是其本人造成的，能否摆脱贫穷取决于他个人的努力，政府和社会对此是无能为

1 马尔萨斯在《人口论》中提出两种抑制人口增长的措施，即预防的抑制和积极的抑制。预防的抑制指以不婚或晚婚限制人口增长；积极的抑制指以饥馑、战争、瘟疫等来消灭绝对过剩人口，以保持生活资料和人口的平衡。

2 〔美〕霍夫斯塔特著，郭正昭译：《美国思想中的社会达尔文主义》，联经出版事业公司1981年版，第33—34页。

3 〔美〕霍夫斯塔特著，郭正昭译：《美国思想中的社会达尔文主义》，第34页。

力的。斯宾塞继承了马尔萨斯的思想，他将因自身的愚昧、懒惰或恶行而遭受贫穷的人与身体孱弱、四肢不全的待救者归为一类，反对所有政府对这些穷人的救济——“如果他们有足够的能力生存，他们就会生存；他们要是能够生存，那就好；如果他们没有足够的能力维生，就会死亡，那么，他们最好还是死吧，”“自然的全副努力便是要清除这类的人或事物，让出位子给更优者。”[1] 显然，在斯宾塞看来，只有“优者”、“强者”才是“适者”，而“劣者”、“弱者”是要被淘汰的。

斯宾塞同意将“多数人的最大幸福”作为社会道德的规范，但反对利用国家立法的手段来进行社会改革。斯宾塞强调“天赋人权”的合理性，认为“每个人只要不侵犯他人的权利，便有权做自己所乐意做的事”，[2] 也就是所谓的“同等自由法则”，即“每一个人都有权要求运用其各种机能的最充分的自由，只要与所有其他人的同样自由不发生矛盾”，[3] 也就是说“每个人的自由只受一切人的同样自由所限制”。[4] 在这一观念下，国家的唯一功能只是消极地保护这类的自由不受限制，因为只有充分保障了个人的自由，社会才能向更高的形态进化，否则“将不利于优秀的社会成员及其子孙，而有利于低劣分子。”[5] 基于这种认知，斯宾塞坚决反对国家福利，主张限制政府职能，实行自由放任主义。

斯宾塞将生物学上的观念应用到社会原则中，所表现出的残酷与不人道，遭到人们的批评与指责。社会达尔文主义之所以名声不佳，一个重要的原因是，在批评或宣扬社会达尔文主义时，人们往往着眼于“竞争”二字，从而忽视了人与人之间的“协作”关系。事实上，斯宾塞在其晚期著作中对待“适者生存”的态度已经比较缓和，他一再强调，进化过程中不仅有“竞争”，还有“协作”，对那些不怎么适应社会

1 〔美〕霍夫斯塔特著，郭正昭译：《美国思想中的社会达尔文主义》，联经出版事业公司 1981 年版，第 36 页。
2 〔美〕霍夫斯塔特著，郭正昭译：《美国思想中的社会达尔文主义》，第 35 页。
3 〔英〕赫伯特·斯宾塞著，张雄武译：《社会静力学》，商务印书馆 1996 年版，第 33 页。
4 〔英〕赫伯特·斯宾塞著，张雄武译：《社会静力学》，第 40 页。
5 〔美〕霍夫斯塔特著，郭正昭译：《美国思想中的社会达尔文主义》，第 38 页。

的人——“虚弱、不健康、体残、呆傻者”[1]——无需一概清除，只要劝阻他们打消结婚生子的念头即可，即用马尔萨斯所谓的道德限制的手段控制“不适者”的人口数量。他虽然反对任何形式的强迫性救济，以防阻碍“竞争”，但并不反对个人对于“不适者”自发的善心，即社会成员内部间的“协作”，因为这体现了兄弟之爱，有利于施助者个人性格和道德品质的提升。除了私人慈善，“不适者”本人的自助也非常重要。斯宾塞相信，“从国家救济向健康的自力更生和私人救济的转变就像从抽鸦片回归正常生活——痛苦但有疗效。”[2]总之，斯宾塞的“适者生存”理论遵循的并不是彻底的“牙齿和爪子”(tooth-and-claw)的逻辑，血淋淋的弱肉强食也非他所乐见：“在我看来，社会学上的‘适者生存’指的是能适应社会需求、在物质上高人一等的人的生存。……任何的恶意侵犯都让我厌弃。……对于那些带来不公的法律，我强烈要求将之废除或改变。”[3]

斯宾塞所创立的社会达尔文主义在他的祖国没有引发追捧，但在19世纪60年代传入美国后，在这里找到了广阔的“市场”。作为19世纪美国科学的传播者，爱德华·利文斯顿·尤曼斯(Edward Livingston Youmans)陆续出版了斯宾塞的《社会静力学》、《第一原理》等著作，并以《大众科学月刊》为阵地，广泛宣传斯宾塞的思想。从1860年到1903年底，他的书总共售出368,755册，在哲学与社会学这类不讨好的圈子中，已经无人能出其右。[4]斯宾塞非常受美国内战后出生的那一代人欢迎，他的学说统治着普通美国人，尤其是美国中产阶级的思想。当时的知识分子们几乎言必称“达尔文”、“斯宾塞”，以至在南北战争之后

---

1 Edward Caudill, *Darwinian Myths: the Legends and Misuses of a Theory* (Knoxville: the University of Tennessee Press, 1997), 72.

2 Herbert Spencer, “Private Relief of the Poor,” *Popular Science Monthly* 43 (1893), 316.

3 Edward Caudill, *Darwinian Myths: the Legends and Misuses of a Theory* (Knoxville: the University of Tennessee Press, 1997), 72.

4 〔美〕霍夫斯塔特著，郭正昭译：《美国思想中的社会达尔文主义》，联经出版事业公司1981年版，第29页。

的六十年间，无论从事何种知识性的工作，都必须先精通斯宾塞。他在美国的同时代人甚至赞美他是旷古未有的最富有智慧的哲学家；他的天才超过亚里士多德和牛顿。[1]

1882 年秋，斯宾塞访美，此行将他在美国的声誉推向顶峰。文学、科学、政治、神学，以及商业等各界人士纷纷向他致敬，争相献上有时显得过分谄媚的赞美。政界的活跃人物卡尔·舒尔茨 (Carl Schurz) 甚至说，如果南方人事先拜读过《社会静力学》一书，南北战争可能就不会发生。类似的夸张热情弄得斯宾塞本人也颇觉尴尬。[2] 这些各界名流未必都精通斯宾塞的理论，甚至可能只是略知皮毛，但在斯宾塞的进化论哲学中，尤其是政治和经济部分，他们找到了 19 世纪末美国社会急需的指导思想，以填补启蒙运动和超验哲学在美国退潮之后留下的空白。启蒙运动哲学建立了一个天国，超验哲学建立了一个乌托邦，而进化论所建立的光辉远景则要更加灿烂，它带来的是“明天会更好”的坚强信念，道德本身也首次具有了科学基础。面对蜂拥而至的记者，斯宾塞说出了令美国人倍感振奋的预言：无论美国人必须克服何种困难，他们“将会产生一种比这个世界所知道的任何文明更伟大的文明，他们可以理智地期待那个时刻的来临”。[3]

社会达尔文主义在美国的流行是由美国当时特殊的历史和社会背景决定的。首先，斯宾塞所阐述的放任主义哲学同美国的个人主义传统不谋而合。清教传统培养了个人独立性和对个人努力的尊重，他们确信坚忍不拔加上勤劳、机智和运气终会有好的回报，他们的信条是艰苦工作，勤劳致富，认为偷懒是一种罪恶，比不道德还要糟糕。西部广阔的天地又进一步推进和发展了这种个人主义，自由意志、自立精神和个人奋斗成为根深蒂固的美国精神。内战后，美国经济飞速发展，“乞

1 〔美〕康马杰著，南木等译：《美国精神》，光明日报出版社 1988 版，第 127 页。

2 〔美〕霍夫斯塔特著，郭正昭译：《美国思想中的社会达尔文主义》，联经出版事业公司 1981 年版，第 43 页。

3 〔美〕霍夫斯塔特著，郭正昭译：《美国思想中的社会达尔文主义》，第 43 页。

丐”变富翁的神话接连上演，卡内基和洛克菲勒这样出身寒微的大财阀成为人们崇拜的对象，追求个人成功——即发大财——比以往任何时候都显得迫切，而且似乎触手可及。与之对应的是，“自我造就”的英雄故事特别受欢迎，一部题为《拓荒少年如何成为总统》的林肯传记出了三十六版。仅霍雷肖·阿尔杰就写出了119部此类故事。社会达尔文主义宣扬的“充分的自由竞争”和“适者生存”的论调，与美国长期以来形成的对个人奋斗和个人开拓进取精神的崇拜相适应，这样，人们能够把个人的所作所为都看成是对进化论的印证。

其次，社会达尔文主义受到大企业家、大商贾的欢迎。斯宾塞的思想体系孕育于、也贡献于一个钢铁、蒸汽机、竞争、开发，以及挣扎和奋斗的年代。成功的商人和企业家几乎是本能地接受了“适者生存”、“优胜劣汰”这样的论断，因为这些所谓的“丛林法则”恰恰是他们的亲身经历。托克维尔曾断言，美国是世界上研究哲学最少的国家，从杰斐逊到威廉·詹姆斯 (William James) 的这段时间里，除了爱默生之外，没有人能当得起哲学家这个称号。[1]但是，这些企业家却都是天然的社会哲学家，他们朴素的世界观显示了社会淘汰理论的合理性，而斯宾塞的进化论的乐观主义又符合了总是属意未来的美国人的乐观精神。洛克菲勒教导主日学校的孩子们说：“一项伟大事业的成长就是适者生存的一种表现。……美国这朵美丽的玫瑰花，只有牺牲它周遭的花蕾，才能培植出诱人的香味和娇艳的外观。这不是商业上的一种不良趋势。这只是自然法则和上帝的法则的演变结果而已。”[2] 作为斯宾塞最好的两位美国朋友之一，卡内基是斯宾塞学说的坚定拥护者。他在《财富》一文中写到：“它（竞争法则）就是如此；我们无法逃避；也尚未发现任何东西可以取代它；对于个人来说，这个法则可能太过残酷，但对整个种族则

---

1 〔美〕康马杰著，南木等译：《美国精神》，光明日报出版社1988版，第36页。

2 Sharon Beder, *Selling the Work Ethic From Puritan Pulpit to Corporate PR* (New York: St Martin's Press, 2000), 61.

有莫大的益处，因为它保证每一部门里最适者的生存。”[1] 虽然人们认识到，社会发展中不可避免地出现政治腐败、为富不仁等丑恶现象，但他们表示对此无能为力，只能依靠缓慢的进化过程来解决。他们相信，进步是肯定的，但很缓慢，而且进步将通过“增长”来实现，而不是通过重建。“没有办法，我们什么也不能做。那全都是进化的问题。我们只能等待进化。也许四、五千年之后，进化就会将人类带离这个阶段。”[2] 这种宿命论思想无疑为维护大企业家、大商贾的垄断地位、阶级分层、以及贫富分化等弊病提供了借口和保证。

斯宾塞的社会达尔文主义在美国的传播除了得益于尤曼斯等人的引介，还经历了一个本土化的过程。在这个过程中，耶鲁大学教授威廉·萨姆纳 (William Sumner) 是最活跃、最具影响力的一位。他成功地将进化论引入保守主义思想中，同时，以新教道德伦理、古典经济学法则和达尔文的自然淘汰理论为基础，发展出一套综合哲学。他在新教伦理中的经济道德与社会达尔文主义之间架起了桥梁，宣称新教工作伦理所推崇的具有勤劳、节俭、克己、节制等美德的人，就是生存竞争中的“适者”、“强者”。作为斯宾塞在美国的忠实信徒，萨姆纳坚定地提倡个人主义和自由放任主义，反对政府干预和社会改革运动。

在萨姆纳的哲学中，生存竞争是生命的根本所在。他认为，社会竞争是自然界竞争的一种反映，是每一个社会独立个体的平等机遇，也是其无法逃避的生活选择。生存竞争是一种美德，是必然的社会和经济规律，是大自然本身的需要，而“大自然的经典是绝对正确无误的”。[3] 萨姆纳生性木讷、不知变通，他干脆直接将人类之间的竞争与动物之间的斗争做类比，说人类的生存竞争就和一群猎犬追逐野兔差不多，你争我夺，互不相让。

1 Andrew Carnegie, “Wealth,” *North American Review* No. CCCXCI, June 1889.

2 〔美〕霍夫斯塔特著，郭正昭译：《美国思想中的社会达尔文主义》，联经出版事业公司 1981 年版，第 43 页。

3 〔美〕康马杰著，南木等译：《美国精神》，光明日报出版社 1988 版，第 300 页。

人类对待同胞之所以如此不客气，萨姆纳认为根本原因还是人口和土地的问题，为此，他参照马尔萨斯的人口论，提出了“人与土地的比率”(the man-land ratio) 理论。他解释说，提供人类食物的最终源泉即土地是有限的，但人口却在不断增长，这样人与人之间必然为争夺土地资源发生斗争，这就是“生存斗争”。地少人稠，斗争便激烈，地广人稀，生存斗争就比较缓和，但不管怎样，人类需求与自然资源之间的矛盾是不可调和的，因而生存斗争是不可避免的。在斗争过程中，自然不偏不倚，那么胜出者就是“最适者”，淘汰者也不该心存怨怼，因为大家机会均等。萨姆纳在《社会各阶级的相互责任》一文中说到，生活的困苦是人与天斗的必然结果，“我们不能因为自己分担了这份苦难就抱怨我们的同胞。我和我的邻人都在为摆脱苦难而奋斗，假使我的邻人在奋斗中赢了我，我不会为此感到难过。”[1] 在萨姆纳看来，这位胜出的邻人必定是“勤奋者”、“节俭者”，而“我”则是“怠惰者”、“浪费者”。我和邻人斗争的结果只有两个：生存或毁灭，没有第三种可能，因为“既能使不适者滋长，同时又能使文明进步的方法是找不到的。”[2]

生存竞争带来的一个最重要的结果是资本的产生。萨姆纳认为，原始人逃避竞争性的奋斗，不积累财富，只能过着退化的、不文明的生活，而社会的进步与发展一定要有物质财富作为基础，因此，积累财富于社会有益，是一项美德。这与美国人天生追逐金钱财富的热情相一致。美国人眼中的英雄好汉向来是那些自己“干出来”的人，也就是依靠个人努力勤劳致富的人，在19世纪末指的是发了大财的金融大亨和工业巨擘。萨姆纳宣称，在生存竞争中，金钱便是成功的标记，它可以用来度量这世界有效率管理的程度，以及消减浪费的程度。[3]不必为自己积攒了大量的财富而发愁，因为“有钱不是罪，就算比邻人更有钱也不

1 William Graham Sumner, *What Social Classes Owe to Each Other* (New York: Harper & Brothers Publishers, 1883), 17-18.

2 〔美〕霍夫斯塔特著，郭正昭译：《美国思想中的社会达尔文主义》，联经出版事业公司1981年版，第58页。

3 〔美〕霍夫斯塔特著，郭正昭译：《美国思想中的社会达尔文主义》，第59页。

是罪”。百万富翁是自然淘汰下的产物，是精挑细选出的人中龙凤，他们赚取财富，享受奢侈，这是他们工作应得的回报，是激烈竞争的结果。正因为在生存竞争中拥有资本的人比毫无资本的人具有更多、更好的机会，才促使人们像猎犬追逐野兔一样追逐财富，否则，资本也就不会形成了。

人们在获取资本、积累财富的同时，也培养了勤劳节俭、坚忍克己等品质。萨姆纳认为，勤劳节俭等美德不仅是帮助人们发财致富的手段，而且这些美德会通过财产的继承传递给后代，这样，资本在这里不仅成了社会物质进步的基础，也使得社会的“精神文明”得到提高，从而推动社会文明整体向前发展。他将达尔文进化论中的生理遗传移植到社会生活中，相信父辈在赚取和传承财富的同时，也教给孩子经济上的美德，从而形成一种代际遗传。他的这种观点应该部分得益于他的父亲，一位勤奋、自学的英国劳工。这位父亲教育他的孩子要尊重传统新教的节俭美德，这给萨姆纳留下了深刻的印象，所以日后萨姆纳将银行储户称为“文明的英雄”。同时期美国社会流行的传统经济法则又加强了他得自父母的遗传。

在达尔文的进化模式中，自然界的生物之间是不平等的。身强体壮的个体会在竞争中存活下来，并通过生殖方式将自身的“优势特质”遗传给后代，先天不足的个体则会在弱肉强食的斗争中被淘汰。这样才能自然选择出更适应环境的形态。这种生物学上的不平等现象被引入人类社会的发展规律中，用于证明人与人之间的不平等。萨姆纳说，从进化论的角度来看，平等是荒谬的，再没有人比那些走进自然的人更明白，在丛林中根本没有自然的天赋权利。[1]

人与人之间的不平等主要表现在两个方面：先天的不平等和后天的不平等。先天的不平等指的是人与人之间在智力和体力上的差异。有的

1 〔美〕霍夫斯塔特著，郭正昭译：《美国思想中的社会达尔文主义》，联经出版事业公司1981年版，第60页。

人生来体魄健壮、反应敏捷，有的人则先天不足。后天的不平等主要表现在对资本占有数量的多寡上，即"富人"和"穷人"的区别。穷人占有较少的资本，因而在竞争中处于不利地位，他们的后代因为贫穷也得不到较好的生活和教育条件；相反，富人掌握更多资源，他们的后代不仅生活优渥，教育优良，而且还通过继承的方式坐拥庞大的财产。在自由竞争的生存斗争中，富人因为拥有更优秀的道德品质和更丰厚的财富，所以优势明显，他们才是推动社会进化的真正动力。在萨姆纳看来，18世纪启蒙思想中人人平等的观念是不切实际的，一大群在平等条件下起步的人，永远就只是些无望的野人。[1]而且如果没有不平等的情形，"适者生存"的法则就毫无意义了。

萨姆纳认为，人与人之间的不平等由不以人的意志为转移的自然程序决定，任何试图改变这种不平等或违背"适者生存"的努力都是徒劳无功的，因为"不可能有对抗自然的权力存在"。[2]自然法则决定了人类社会的发展以及人类的命运，也就是自然决定论。受自然决定论的影响，萨姆纳坚决反对自上而下的社会改良或改革，因为社会的发展和进步只能是缓慢的、自发的、渐进的，人们主动改造社会的行为是不会奏效的。他说道："不论我们如何，时间与世事终会像洪流一样倾泻而下。……我们每个人都是时代的儿女，谁也无法摆脱它。我们都置身于时代的洪流中，随着它流淌而去。人们的科学和哲学全部来自于这股洪流。因此，我们不可能改变它。洪流将吞没我们，以及我们的实验。……这说明，认为一个人仅靠一张纸、一支笔就规划出一个新社会，这种想法实在愚不可及。"[3]"在这个世界上，良好而自然的社会秩序只能通过逐步发展而来，而不是依靠某个热心的社会设计师所做的重建

1 〔美〕霍夫斯塔特著，郭正昭译：《美国思想中的社会达尔文主义》，联经出版事业公司1981年版，第60页。

2 〔美〕霍夫斯塔特著，郭正昭译：《美国思想中的社会达尔文主义》，第60页。

3 William Graham Sumner, "The Absurd Effort to Make the World Over," in *War and Other Essays* (New Haven: Yale University Press, 1911), 195-210.

方案来实现。”[1]社会不需要这些“爱管闲事”的人。

萨姆纳的这种思想反映到当时的美国社会，就是反对一切形式的干预行为，尤其是政府干预。19世纪末的美国社会处于极端的保守主义思潮极为盛行的年代。这种思潮一方面要求维护现状，抵制任何改革，另一方面它又揉进了自由放任、个人自由等自由主义思想的元素，极力反对政府干预，因此有人称这一时期的保守主义为“自由放任的保守主义”(Laissez-faire Conservatism)。它与社会达尔文主义一拍即合，紧密结合在一起，不断用社会达尔文主义的理论作为反对社会改革以及一切政府干预的有力武器。萨姆纳也是“自由放任的保守主义”阵营的一员，他从自由放任主义和自然决定论出发，宣称一切形式的政府干预都是罪恶的，那些遇事求助于政府、认为政府可以解决社会缺陷的想法是完全错误的。政府干预是强行介入社会发展进化的预定程序，违背了自然规律。他认为，政府实际上只需承担两个职责：保卫人们的私有财产和妇女的荣誉不受侵犯。[2]除此之外，几乎每一个政府改革方案或调控计划都遭到过他的攻击，他甚至毫不留情地将公共教育、卫生和童工之类的事情统统从政府权力的范围内排除出去。他指责所有的济贫法和所有的慈善设施，因为某些接受资本帮助的人不愁吃穿，他们增加了资本的消耗，却不愿精打细算，安心生产，最终导致大批人口陷入贫困。[3]

1883年，萨姆纳在布鲁克林和纽黑文分别做了题为《被遗忘的人》的演讲，批评当时的进步党人，并为传统的自由主义辩护。在这篇演讲中，萨姆纳用形象的比喻，解释了政府干预的不合理性。他说，当A看到一件对他来说是错误的事情，并发现X正在受其煎熬时，A就与B谈论这件事，接着A和B提议通过一项法律来纠正这种错误，以帮助X。他们的法律总是提议决定C能为X做什么，或者确切地说，A、

1 William Graham Sumner, *What Social Classes Owe to Each Other* (New York: Harper & Brothers Publishers, 1883), 20.

2 William Graham Sumner, *What Social Classes Owe to Each Other*, 101.

3 William Graham Sumner, “The Challenge of Facts,” in *The Challenge of Facts and Other Essays* (New Haven: Yale University Press, 1914), 27.

B 和 C 能为 X 做什么。但 C 是谁呢？A 和 B 帮助 X 是出于自愿，这没有问题。有问题的是用法律或契约的形式将 C 约束在这件事情上。C 是花了钱的，但并非自愿，他是“从没有被考虑过的人”，是改革者和慈善家的牺牲品，是“被遗忘的人”。[1] 举例来说，许多人认为劳工收入过低，他们通过各种途径向政府呼吁，提高劳工待遇。呼吁者是 A，政府是 B，劳工是 X。于是，通过了提高劳工收入的法律。那么，谁是 C 呢？承受更高成本的企业家，因此无法找到工作的失业者，付出更多的消费者，这些人就是 C，他们是被遗忘的人。他们的权利被人忽视。他们实际上被裹挟、被强制着去实现 A 和 B 的愿望。他们花了钱，但从没被人考虑。

在萨姆纳等社会达尔文主义者和保守派的鼓吹下，时任美国政府继续秉承杰斐逊的“最好的政府是管事最少的政府”的理念，对社会经济事务采取放任自由的态度。在 1893 年经济危机中，克利夫兰总统说，“治愈危机的最好办法是装作不知道危机的存在”，并公开宣称，“只要我在总统职位上，政策就不会对企业利益产生任何伤害。”[2] 面对德克萨斯州的严重旱灾，他反对任何形式的政府救济，并坚持认为“政府不应当支持人民”。[3] 此外，在对社会公共事业的管理上，美国政府也缺乏主动性。这一时期，城市出现恶性膨胀，基础建设赶不上城市化的进程，在污水处理、卫生等问题上，几乎全部依赖城市自身的能力，政府基本不会插手。

萨姆纳如此反对政府干预，必然不会对社会主义心存好感。他认为，社会主义就是迫使一部分人为另一部分人的懒惰、无知和放纵买单，就是“偏袒不适者，毁灭自由。我们必须认识到，我们只面临如下两个选择：要么自由但不平等，适者生存；要么不自由但平等，不适者

1 William Graham Sumner, "The Forgotten Man," in *The Forgotten Man and Other Essays* (New Haven: Yale University Press, 1919), 466.

2 丁则明主编：《美国通史——美国内战与镀金时代：1861-19 世纪末》，人民出版社第 2002 年版，第 196 页。

3 丁则明主编：《美国通史——美国内战与镀金时代：1861-19 世纪末》，第 202 页。

生存。前者推动社会向前发展，对最优秀的社会成员有利；后者使得社会向后倒退，对最糟糕的社会成员有利。”[1] 社会主义是对这一社会不变法则的漠视，那些妄图挽救穷人的社会主义者和慈善家不仅没有解决贫困问题，反而进一步加重了贫困。萨姆纳相信，困苦和贫穷是几千年来人类社会进化的产物，是社会体系不可分割的一部分。“这个世界的规则是这样的：‘猪，快拱，不然就饿死，’……大众的经验造就了这样的俗语，我们怎么能否认它们呢？”[2] 社会主义实际上是利用政府干预的手段，使得个人免于生存斗争的艰难和困苦，但“坚持给工人提供保护，这无疑是剥夺了工人提高自己生存地位的最好机会。”[3]

萨姆纳的理论没有给社会改良留有余地，他的矛头针对的是当时日益兴起的进步运动，因为当时的进步运动颇有以政治调节取代自然规律的势头。萨姆纳对改良派很不耐烦，他说，消除贫穷的方案“只有已下定决心要就消灭疾病进行讨论的时代才能承担。为什么不去消灭死亡，立地成仙，而潜心于一些细枝末节的事呢？如果这些机构能够替我们干什么事的话，那么，它们就干脆把一切都替我们包下来。”[4]

萨姆纳没有认识到的是，他也没有给社会科学留下立足之地，因为他的社会发展观除了告诫人们不要去干扰自然进程之外，实际什么也干不了，因此他的社会观表现出很强的消极主义和对人类软弱无能的无奈。萨姆纳的社会观能够描述种种社会现象，但是不能提出有效解决社会问题的办法，因为人类主观的行为在自然法则面前是无用的，社会发展和进步，以及在这一过程中出现的问题都只能靠“进化”来解决，而这一规律对人类而言，只不过是一条死胡同。

---

1 William Graham Sumner, “The Challenge of Facts,” in *The Challenge of Facts and Other Essays* (New Haven: Yale University Press, 1914), 25.

2 William Graham Sumner, “The Challenge of Facts,” in *The Challenge of Facts and Other Essays*, 59.

3 William Graham Sumner, “What Is Civil Liberty,” in *Earth-Hunger and Other Essays* (New Haven: Yale University Press, 1902), 127.

4 〔美〕康马杰著，南木等译：《美国精神》，光明日报出版社1988版，第302页。

社会达尔文主义所宣扬的自由竞争、政府不干预社会经济的思想在资本主义发展初期符合了社会自由竞争的需要，促进了社会经济的发展。但到了19世纪末，随着垄断资本的日益成熟，它同国家政权相结合，凭借自身的优势地位挤压中小资本、剥削工人劳动价值的行为也日益严重，这反而违背了自由竞争的初衷，带来社会矛盾的激化，进而影响资本主义社会的稳定。在这种情况下，国家干预已是势在必行。萨姆纳此时仍然坚持自己的立场，显然已经不合时宜。曾经风光无限的社会达尔文主义在19世纪末20世纪初的美国开始走下坡路，福音运动、"单一税"思想、进步运动，以及扒粪者运动[1]等对美国镀金时代以来的政治、经济政策进行了总结和评判，特别是对长期以来社会达尔文主义所鼓吹的放任自由、减少政府干预等思想进行了批判。萨姆纳一直以来致力于为中产阶级说话，但当他仍然坚守社会达尔文主义时，他所服务的中产阶级却转而支持社会改革了。1910年，萨姆纳去世，社会达尔文主义也彻底没落，20世纪美国历史的发展方向证明，也许他才是那个"被遗忘的人"。

第三节　福利国家的萌芽：进步运动

美国是一个诞生在乡村的国家，早期的美国人过着"耕者有其田"的自给自足的生活。他们勤劳节俭、诚实守信、简单纯朴，对自由和平等有着质朴的理解。不过因为看上去有些呆头呆脑，所以他们的英国老乡很不客气地直呼其为"土包子"。杰斐逊倒是不介意这个称呼，他甚至希望美国人将这股土劲儿永远保持下去。地广人稀的现实似乎也确保了他的这种理想，特别是在路易斯安那购地这桩堪称史上最成功的地产

1　Muckraking Movement，指进步主义时期大量有正义感的新闻记者发起的揭露社会不公与腐败的运动。

生意后，他笃信，美国的土地足够美国人世世代代耕种下去，“民有恒产”、“衣食无忧”并不是一个神话。然而，现实是，仅仅不到一百年的时间，杰斐逊农业立国的理想就已破灭，美国逐渐发展为以工商业为基础、城市生活为核心的工业国。

城市的迅猛发展是任何人都始料未及的。从1860年到1910年，美国城镇如雨后春笋般涌现出来。半个世纪中城市人口几乎增长了7倍，而乡村人口仅仅翻了一番。居民人数超过五万的城镇由16个增加到了109个。[1] 1910年，纽约市的人口是1860年的四倍，从100万出头增加到470万，费城和波士顿也差不多翻了近三倍。中西部的大城市更是疯狂地膨胀。在1860到1910的半个世纪里，芝加哥的人口整整翻了20倍，仅从1880年到1890年短短的十年间人口就翻了一番还多。[2] 人口迅速增长的原因之一是农村人口大量涌入城市。1840年之后，大批年轻人满怀着对成功和财富的向往，抛弃了父辈的生活方式，向城市进发，相信自己准能交上“烂衫迪克”式的好运气。纽约的农业学家杰西·比尔(Jesse Bued)写道：“每年有数以千计的年轻人放弃耕犁和父辈诚实的联系，”因为他们相信，“务农不是获得财富、荣誉和幸福的道路。如果务农的人不获得与他们的符号、人数相等的，以他们的智慧和自尊应享有的社会地位，这种情况不会改变。”[3] 这些农村生活的生力军从图文并茂的报刊杂志上看到，世上的好东西大多在城市，被城里的有钱人享用，他们为什么不能分一杯羹呢？另一方面，边疆可供耕种的土地日益减少，年轻人失去了如父辈般去边疆探险和创业的可能，只能在城市的丛林里寻找机会。

造成城市人口直线上升的更重要的原因是大量移民涌入美国。他

---

1 〔美〕霍夫斯达特著，俞敏洪，包凡一译：《改革时代——美国的新崛起》，河北人民出版社1989年版，第145页。

2 Walter I. Trattner, *From Poor Law to Welfare State: A History of Social Welfare in America* (3rd edition) (New York: the Free Press, 1984), 156.

3 〔美〕霍夫斯达特著，俞敏洪，包凡一译：《改革时代——美国的新崛起》，河北人民出版社1989年版，第26页。

们由于各种原因无法获得土地，也没有足够的资金创业，于是大多被迫集中在北部或中西部的大城市，成为产业工人。1914 年美国总人口为 9,200 万，其中有 2,100 万都是 1880 年之后到达美国的新移民。他们往往以民族为界，自然而然形成各自独立的聚居区。在当时最大的 12 个城市中，有 40% 的人口是第一代移民，20% 是二代移民，而全美有 60% 的产业工人都是国外出生的。[1] 美国本身就是一个移民国家，可以说，除了印第安人之外，所有的美国人都是外来户，因此，他们已经习惯了大量的移民，但土生土长的美国人没有料想到的是，移民的构成在 19 世纪末有了根本的变化。1885 年之前的移民主要是英国人、斯堪的纳维亚人和德国人，而 1885 年到 1924 年之间的移民则大多来自南欧和东欧，尤其是意大利和俄罗斯。他们一方面在宗教信仰和政治文化上与本土美国人有较大的差别，难以同化；另一方面，由于缺乏资金、知识和技能，只能从事脏、累、差的体力活。

城市化的迅速发展表明了美国社会发展的进步趋势，新移民的加入也给工业的发展带来了充足的劳动力，但急剧的社会转型也催生了大量的城市弊病，特别是贫困问题。住房是大多数工人和新移民遇到的首要问题。新移民往往根据民族和母国聚居在一起，形成大大小小的贫民窟。这些贫民窟里的住房被称为“廉租屋”(tenements)。廉租屋往往面积狭小，采光通风不足，家用设施缺乏，供排水系统很不完善。通常的情况是，一家人挤在仅有两三个房间的破屋子里，里面不仅住着父母，多名子女，还有亲戚，甚至是房客。其次，在破败不堪的贫民窟里，卫生条件也难以保证。浴缸对居住在廉租屋里的人来说是绝对的奢侈品，他们只能几家人共用一个马桶和澡盆，由于长期无人清洗，往往肮脏污秽。垃圾四处乱丢，十分难闻。再次，贫民窟里过于拥挤的局面留下了火灾等隐患，例如 1871 年的芝加哥大火。除了要适应恶劣的生活条件，

---

1 David Brody, *Workers in Industrial America: Essays on the Twentieth-Century Struggle* (New York: Oxford University Press, 1980), 15.

贫民窟里的人们还要习惯高发的犯罪率，以及街头流氓的恶斗。面对如此糟糕的环境，难怪社会改革家雅各布·里斯 (Jacob August Riis) 在《另一半人如何生活》(1890) 里痛心疾首地称之为恶行、犯罪和疾病的滋生地。当移民们满怀希望地逃离受穷挨饿的母国，以为可以在机会遍地的新世界寻找发家致富的机会时，却失望地发现，所谓的“美国梦”确实可能只是南柯一梦而已。正如一位罗马尼亚的移民所说：“这就是吹嘘的美国自由和机会——体面的市民从令人恶心的小货车里拿出大白菜贩卖的自由，居住在肮脏可怕、没有阳光的洞穴里的机会。”[1]

住房只是美国城市贫困化的一个具体表现，反映了社会经济向上发展与底层民众社会生存条件向下倒退的事实，是社会财富分配不公，工人受剥削的结果。因此，只有从整体上提高国民生活条件，增加工人劳动收入，才能缓解贫困问题。但当时美国信奉放任自由的经济政策和“大国家小政府”的政治理想，缺乏国家对企业的有效监管。企业主“趋利避害”，在各方面对工人进行压榨，例如工作时间、工作进度，以及工资。1909 年，居住在匹兹堡的一家人每周至少需要 15 美金才能维持生活，但是，有三分之二的移民周薪少于 12.5 美金，有一半的人周薪少于 10 美金，这意味着，仅靠丈夫一人已经无法养家糊口，妻子也必须外出打工。母亲工作，孩子无人看管的情况后来引起了进步运动中一些改革派的重视，在他们的呼吁和奔走下，政府设立了儿童局和母亲津贴，以确保孩子在母亲的抚育下成长。

恶劣的工作环境有时也会加重家庭负担。工业化之后的美国工厂已经开始大规模使用省时省力的机器，以控制人力，节约成本。在这种情况下，安全生产显得尤为重要。但当时的机器在安全性能方面较为薄弱，事故频发。在整个进步时期，几乎每年大约有 35,000 人死于机器故障，50 多万人因为工伤影响而丧失劳动能力。一些特殊的行业尤其

1 Walter I. Trattner, *From Poor Law to Welfare State: A History of Social Welfare in America* (3rd edition) (New York: the Free Press, 1984), 157.

危险，例如铁路工人在同期每月的死亡人数高达328人，而1906年仅南芝加哥的一家钢厂就有46人丧生，528人受伤。造成高事故率的原因是多方面的，其中最根本的是事故成本低。死亡工人家属或受伤的工人在索取赔偿费用时经常空手而归，因为一则雇主总是想方设法将责任推给工人自己，二则工人缺乏政府的立法支持，再则，来自不同种族或民族的工人由于语言文化的差别，很难团结起来向雇主要求权益。据统计，大约只有15%的工人在工伤诉讼中胜诉。[1]

周期性的经济衰退给工人们带来了失业的危险。在1893年至1897年四年的经济衰退期中，大批工人失业，有些地方的失业率达到了30%。当时的美国尚未建立国家福利制度，无房无产的失业工人只能求助于济贫院，或者依靠施舍度日。在一个社会达尔文主义的热潮尚未褪尽、崇尚个人努力的社会，依靠他人供养维生容易受到社会歧视，任何有自尊心的人都无法心安理得地接受救济。

工业化带来的贫困在19世纪末20世纪初的美国已经成为一个无法回避的社会问题。一些有识之士开始思考，在物质财富已经相对极大提高的美国为什么反而会出现如此严重的贫困现象。在传统观念里，贫困是由懒惰等个人原因造成的，是道德败坏的表现；在社会达尔文主义者看来，穷人是社会中的“不适者”，势必遭到社会的淘汰，这是任何人无法改变的自然规律。因此，穷人往往遭受歧视，得不到应有的尊重。然而，在观察了城市贫民的生活处境后，他们发现，这些穷人并不都是无所事事的懒人，他们每天都很辛苦地工作，生活节俭，仍然无法摆脱贫困，取得经济上的富足。如果贫困不是个人原因造成的，那么必然是社会出了问题。要想改变这种状况，就需要对社会进行相应的改革，实现大多数人的幸福。西奥多·罗斯福 (Theodore Roosevelt) 总统说：“我们唯一安全可靠的格言是：‘所有人都上升’，而不是‘部分人下降’”，

---

1 Bruce S. Jansson, *The Reluctant Welfare State: American Social Welfare Policies* (Belmont, CA.: Thomson Books/Cole, 2000), 127-128.

在现代社会，“要扩展人对人的广泛的同情心，这比其他任何事情都来得重要。整个这个国家的幸福的基础，乃是工资劳动者和土地耕种者的幸福；诚然不能损害他人来寻求他们处境的改善，但他们处境的改善必须成为我们全部治国之策的首要目标。”[1]

担当起改革任务的是被称为进步派的一些人。这些人在1890年至1920年间在美国掀起了一场全国性改革运动，意在纠正工业革命后美国在政治、经济、文化和生活等诸多方面出现的社会问题和弊端，也就是所谓的“进步运动”。顾名思义，进步运动和进步主义是相信社会的进步并推动它的前进。它是对早先流行的社会达尔文主义的部分修正。

世纪之交的美国人大多相信进化理论中的环境决定论，它强调的是外在环境对个人行为的决定性作用。因此，进步派担心，当时社会中存在的人口拥挤、贫民窟、廉租屋、恶劣的工作环境等因素会影响到城市居民的身心健康。同时，他们也对政党机器、托拉斯和无所不在的腐败心存恐惧，害怕它们破坏美国的民主政体。但另一方面，进步派认为，机械的社会达尔文主义忽视了人的主观能动性，他们相信，人有能力解决社会进化中出现的问题，能够规划未来并努力实现之。因此，当黑幕揭发运动暴露出大量的社会问题之后，人们普遍支持进行社会改革。

进步派对社会达尔文主义中“竞争”的观点也提出了批判。社会进化论强调“物竞天择”、“适者生存”，侧重的是人与人之间“你死我活”的生存竞争。改革派则认为，人与人之间确实存在竞争，但合作更加重要。对此，进步主义者简·亚当斯和杜威都阐述了自己的观点。亚当斯主张政府应该采取教育等手段培养公民的合作意识与利他精神；杜威则相信，人天生具有互相合作的精神，只不过在外部环境的影响下变得富有侵略性，例如，美国文化中不惜一切代价争取成功的传统。

为了培养和实践各阶层、各民族团结合作的精神，帮助城市贫民摆脱穷困，亚当斯和好友埃伦·斯塔尔(Ellen Gates Starr)决定深入贫民

1 李剑鸣：《大转折的时代——美国进步主义运动研究》，天津教育出版社1992年版，第176页。

窟，生活在穷人中间，以便近距离观察和帮助他们。1889 年，“赫尔之家”(the Hull House) 在芝加哥的贫民窟创立。“赫尔之家”位于芝加哥的第 19 区，该区是一个移民聚居区，历来以脏、乱、差闻名，社会问题层出不穷。这项“把富人和穷人紧密联系在一起的工程”[1] 得到了许多热心人士的支持，他们不断地向“赫尔之家”捐资，并利用自己的身份和地位，呼吁社会各界的富裕人士无条件地出钱出力。“赫尔之家”创建伊始就受到关注，据统计，第一年它就接待了 50,000 人，第二年这个数字猛增至每周 2,000 人次。参观访问的人中有社会知名人士、学者、中上阶层乃至市井之徒，他们有的是慕名而来，有的是充当志愿者，有的是把“赫尔之家”当作济贫院之类的机构来寻求帮助。为了丰富和提高附近居民的日常生活，提高他们的素质，“赫尔之家”还开设文学艺术讲座，创建艺术画廊，开办文学艺术俱乐部，组织合唱团，甚至举办学术性讲座，杜威就是这些讲座的常客。除了文化活动，“赫尔之家”还针对居民的实际需求制定教育计划。幼小的孩子进入幼儿园，大一点的孩子则成立了俱乐部。在那里，他们不仅可以娱乐，还学习一些实用课程和技术，为他们将来的工作做准备。对于年轻姑娘和已婚妇女，开设厨艺、服装、鞋帽班，进行家务与职业培训。那些希望通过继续接受教育改善自身处境的人，“赫尔之家”则为他们开办成人夜校，邀请大学教师授课，开创了美国大学函授教育的先河。

“赫尔之家”采用的济贫模式和进步主义理念有别于传统的慈善机构。首先，传统的慈善机构认为贫穷是个人原因，在进行救助前首先要区分“可救助者”和“不可救助者”，实行区别对待；“赫尔之家”的社工则认为贫穷是社会环境导致的结果，对穷人应该一视同仁。其次，慈善机构直接给予穷人实物救济，仅关心受助人的温饱问题；“赫尔之家”关注的则是贫穷本身，希望从根本上提高全体贫困者的生活水平。再次，慈善工作者往往自视为施救者，以居高临下的态度对待受助人，强

1 Allen F. Davis, *American Heroine: Life and Legend of Jane Addams* (Chicago: Ivan Dee, 2002), 60.

迫受助人接受他们的生活方式；“赫尔之家”的志愿者则把自己当作穷人的邻居和朋友，重视保护受助者的自尊心。他们甚至认识到，各民族的文化都有其独特之处，鼓励移民保持其本民族的特色。最后，慈善机构的服务对象仅是穷人；“赫尔之家”则向所有人伸出援手，不论他们有无职业，财产几何。正如亚当斯所说：“建立‘赫尔之家’是为了帮助解决由现代生活方式带来的社会和工业问题。”[1]她认为，“一个贫穷的邻居给另一个邻居的救济是出于好心，而一个慈善工作者给予受助者的关心是谨慎的。”因此，她希望与社区居民建立亲密的、互动式的、持久的直接交流的方式，形成一种平等的关系。

“赫尔之家”的定居贫民窟的救助模式得到了大多进步派的支持，他们在各地纷纷建立起类似的机构。1890 年之前全国仅四家定居点，到了 1900 年，数量增加到 100 家，大大超过了英国的同期水平，10 年后，这一数字又提高到了 400 家左右，[2]全国掀起了一股定居运动的热潮。

需要强调的是，虽然定居运动与慈善机构相比，有其自身的优势，但它同样面临着许多问题。首先，虽然大部分的定居点都采用了“赫尔之家”的模式，但在管理的理念上则相对保守。亚当斯和她的伙伴们“在政治和社会观念上是进步的，甚至是激进的”，她们无条件地帮助各国、各民族的移民，实践“某种程度上的文化多元主义”。[3]其他一些定居点的组织者要么以屈尊降贵的心态帮助在他们看来缺乏教养的移民，要么在提供帮助的同时，力图使其“美国化”。由于定居点的资金全部依靠私人赞助，赞助者的态度往往也决定了定居点的救助对象。

其次，维持定居点的正常运作有时也比较困难。首先是资金问题。

---

1 Walter I. Trattner, *From Poor Law to Welfare State: A History of Social Welfare in America* (3rd edition) (New York: the Free Press, 1984), 161.

2 Walter I. Trattner, *From Poor Law to Welfare State: A History of Social Welfare in America* (3rd edition), 166.

3 Walter I. Trattner, *From Poor Law to Welfare State: A History of Social Welfare in America* (3rd edition) , 159.

定居点的组织者为解决资金问题大多需要四处“化缘”，即便有幸遇到慷慨之士，大多也都附带条件。其次，建立定居点的贫民窟人口构成复杂，流动性强，缺乏长期性和稳定性，给救助带来一定的困难。再次，定居点的工作者很难真正融入移民的生活，移民仍倾向于将这些提供帮助的白人视作管理者，而非朋友。

由于以上诸多原因，定居运动在许多问题上可谓有心无力，不可能解决贫困问题。但定居运动作为进步时期诸多改革中的一项重要内容，它在改变人们对待贫穷的思想上起到了一定的帮助。

随着定居运动的广泛开展和改革者的大力宣传，到了20世纪初，主流社会逐步改变了贫穷是个人问题和道德缺陷所致的传统观念。诚然，个人品质上的弱点是致贫的一个重要原因，但从根本上来说，糟糕的外部环境和恶劣的政治经济条件才是问题的关键。失业、低工资、高物价、童工、工伤等等因素，都可能让人入不敷出，因此，在一些进步人士看来，贫穷完全是“经济的、社会的、暂时的、可量化的和可控的”。[1] 既然大多数人的穷困潦倒是外因、而非内因所致，那么他们不仅不是社会的负担，不必为自己的贫穷自责，相反，国家必须进行相应的改革，帮助这个受压迫的群体。他们认为，公共救济和私人慈善同样重要，应该互相补充。为此，以亚当斯为代表的进步派开始了争取公共福利的斗争。

儿童和妇女作为弱势群体首先得到了进步派的关注。在美国的传统思想中，儿童是被当作成人对待的，因此，雇佣童工不仅不会引起道德上的争议，而且被认为有助于从小培养他们勤俭节约、吃苦耐劳的工作态度。但随着现代儿童教育思想的发展，童工泛滥的现象引起了人们的重视。此外，糟糕的生活条件和恶劣的卫生环境造成婴儿的死亡率居高不下，这与美国经济的发展相比是极不协调的。在这种社会背景下，进

---

1 Walter I. Trattner, *From Poor Law to Welfare State: A History of Social Welfare in America* (3rd edition) (New York: the Free Press, 1984), 173.

步派——尤其是定居运动的领导者，大力推动儿童福利改革，并取得了一些成绩。1884 年，纽约州宣布与居住在青少年教养院的儿童签订用工协议为非法；1893 年，伊利诺伊州通过法律禁止雇佣 14 岁以下儿童，规定工作时长不得超过 8 个小时。1903 年，纽约州也通过了类似的法律。1904 年，社会学家、进步主义者罗伯特 · 亨特 (Robert Hunter) 的《贫困》和心理学家斯坦利 · 霍尔 (G. Stanley Hall) 的《青春期》相继出版，进一步引起了社会对儿童福利的关注。同年，全国童工大会首次提出了成立国家儿童局、统一管理儿童福利的建议。但直到 1909 年第一次白宫会议在罗斯福总统的支持下召开，国家儿童局的成立才被正式提上议程。3 年后，国家儿童局正式成立，塔夫脱 (William Howard Taft) 总统任命“赫尔之家”的前定居者朱莉娅 · 莱思罗普 (Julia Lathrop) 为局长。

国家儿童局的核心任务是确立家庭生活对未成年儿童的重要性，除非迫不得已的原因，不应剥夺儿童家庭生活的权利，对某些确需离开、或已失去家庭的正常儿童，则必须将其送往合适的寄养家庭。此外，它还负责调查婴儿死亡率、婴儿出生登记、体质退化、孤儿问题、青少年犯罪问题、童工事故和疾病等等与儿童有关的事宜。但是，国家儿童局的发展并不顺利。在它成立的第一年，联邦政府仅拨款 25,640 美元，而同年联邦畜牧业委员会的预算则是 1,400,000 美元。[1] 它的职责范围和权限也受到来自保守派的诸多限制：国家儿童局只负责搜集数据和提供建议，不能直接给予儿童或地方政府任何财政支持。因此，国家儿童局在应对具体事务时——例如童工法、儿童健康、贫困等——往往力有不逮。

1917 年，茱莉亚 · 莱思罗普雄心勃勃地提出了一项母婴保护计划。其主要内容是：由联邦政府向各州提供适当的补助金，用于改进地方

1 Bruce S. Jansson, *The Reluctant Welfare State: American Social Welfare Policies* (Belmont, CA.: Thomson Books/Cole, 2000), 138.

的母婴医疗设施和健康服务，特别是在条件较差的农村地区。此项名为“母婴计划”的提案在1918年送交国会之后，立刻引发了保守派对国家儿童局的新一轮攻击。他们指责国家儿童局是在推行社会主义和国有化，是把儿童变成国有财产。他们警告说，如果此法案通过，国家儿童局“将是美国的一股统治力量。这个由妇女领头的部门将成为这个国家最专横的势力，年年都给我们套上难以忍受的沉重枷锁”。[1]法案的支持者面对巨大压力，经过三年的艰苦斗争，终于在1921年由哈定(Warren Harding)总统签署生效。

“母婴法案”(Sheppard—Towner Act)是20世纪20年代保守派在国家事务中重新占据上风之前，进步派在立法上取得的最后一个胜利，也是联邦政府在教育领域之外首次就福利项目向各州提供资助。虽然此法案在1929年以侵犯州权和推行公费医疗为由被宣布无效，但它为1935年的《社会保障法》中关于联邦政府与州政府合作事宜提供了经验和教训。

除了国家儿童局的成立和“母婴法案”的颁布，1916年的联邦童工法是进步派自认为取得的另一个重大胜利。该法案规定，工厂若雇佣未满14岁的童工，强迫童工每天工作超过8小时，或每星期超过6天者，其产品不得越过州界，成为州际贸易之商品。但两年后，在哈默诉达金哈特案(Hammer v. Dagenhart)中，联邦最高法院就以该法案违背了宪法第十条修正案为由，宣布其无效，童工问题的解决被再次搁置下来。直到1941年，联邦最高法院才推翻了该判决。

在妇女权益方面，最重要的成就是1911年到1919年在全国掀起的“寡母救助金”运动。在进步时期，单身女性多为寡母。为了生存，她们或者求助于慈善机构，或者被迫外出打工。但是，受新教工作伦理的影响，慈善机构往往拒绝向有工作能力的人提供帮助，认为她们是不值

1 Walter I. Trattner, *From Poor Law to Welfare State: A History of Social Welfare in America* (3rd edition) (New York: the Free Press, 1984), 207.

得救助者。如果外出打工，则必须将孩子单独留在家里，无人照看。长此以往，母亲由于过度劳累，身体垮了，孩子由于无人监管，变得品德败坏，甚至成为少年犯。针对这种情况，进步派提出由政府给予有未成年子女的单亲（母亲）家庭一定的生活补助，以便母亲留在家中照顾子女，这对母子双方都有利。进步派进一步指出，政府无需担心资金问题，因为如果此项目开展顺利，那么它对公共福利院和孤儿院上的资金投入将大大减少，而且，从长远来看，此项目有利于社会整体素质的提高。

可以预见的是，此项目遭到了来自私人慈善机构工作人员的坚决反对。他们坚称，政府机构的职责范围仅限于公共福利院，不应插手历来由私人机构负责的家庭或户外救济，公共救济是把美国推向福利国家的深渊。支持者则反驳说，今时不同往日，家庭和社会经济的变化要求政府在福利事务中承担起较之以往更大的责任。他们认为，贫困家庭的生活状况经常受到不可抗力的影响，例如，被动失业、疾病，或者负担家庭生计的人的突然身故，在这种困境下，必须有一个机构或组织能够适时地给予帮助，提供家庭日常所需的开支。而且，寡母救助金的设置是基于这样一种理念，即母亲养育子女也是社会服务工作，理应得到相应回报。

支持者的观点在改革要求占上风的进步时期很有说服力。“寡母救助金计划”涉及儿童、寡母、家庭和工作回报，恰恰是社会最为关注的问题，它既帮助了困境中的妇女儿童，满足了人们的同情心，又符合传统的工作伦理。因此，1911 年，密苏里州首先通过“寡母救助金法案”，同意市政向有未成年子女的单身母亲提供现金帮助。同年，伊利诺伊也通过该法案。8 年后，这一数字扩大到 39 个，到了 1935 年，全国仅剩南卡罗来纳和乔治亚两个州仍然拒绝通过类似法案。

与后期的“未成年儿童家庭援助计划”(AFDC) 相比，“寡母救助金计划”仍受 19 世纪美国福利观念的影响，因此它相对保守得多，对申领条件也设置了诸多门槛。在各州订立的具体条款中，都有“合适家庭”的要求，也就是说，申领人首先必须是有未成年子女的寡妇，其次必须确实家庭困难，难以度日，再次，必须获得政府部门的认可，最后，必须接受政府部门的监管。除此之外，有些州还规定受助者必须是居所符合条件的公民，就把一部分移民排除在外。而且有的救助金额不足以维持生活，受助的母亲仍然不得不外出打工。对于有私生子或离开丈夫的母亲，虽然没有明确的规定不予救助，但她们往往被视为道德有缺陷，而被排除在外。因为申请条件的严格限制，1919 年全国仅有 46,000 人成功获得救助金。[1]

虽然“寡母救助金计划”存在缺陷，但它打破了家庭救助由私人慈善机构负责的传统，向着公共救济的方向迈出了一大步，也为各州继续推行政府福利措施奠定了基础。为通过该计划在各州所做的宣传也让公众逐步接受了这一思想，即单亲家庭的未成年子女需要母亲的关爱，家庭抚养优于送养，以及所需费用应该由政府承担。1935 年之后长期施行的未成年儿童援助（ADC）正是这一思想的延伸。

除了针对妇女儿童的救助，劳工权益也得到了一定的保障，其中最重要的是“劳工赔偿法”的确立。机器生产和缺乏安全保障导致大批工人因公死亡或受伤，但由于劳工的弱势地位，他们很难获得相应赔偿。“劳工赔偿法”的生效部分地解决了这个问题。按照规定，州政府每年向雇主征收一定工资税，成立政府基金，由政府向符合工伤认定条件的申请人直接给付赔偿，赔偿金额参照具体标准。这不仅免去了劳工和雇主的正面交锋，而且赔偿也有了保证。1920 年，全国的 43 个州都通过了此法案。当然，“劳工赔偿法”也有一定的缺陷，例如赔付金额过低，赔付条件限制过多等等，但比起以往维权的艰难，它无疑是一大进步。

“寡母救助金计划”和“劳工赔偿法”的顺利通过使进步派人士信心大增，准备向医疗保险和失业保险发起冲击，但遭遇惨败。反对者几乎来自于各阶层、各行业：医药业、保险公司、雇主、宗教人士、工

1　Linda Gordon, *Pitied but Not Entitled* (New York: Free Press, 1994), 49.

会，以及所谓的爱国团体。他们称医疗保险是“德国制造”、“俄国制造”。失业保险对当时的美国大众来说更是难以接受，在他们看来，这无疑是对传统工作伦理的否定，助长懒惰的习气。从1916年开始到1931年，全国没有一个州通过失业保险法。

用19世纪的眼光来看，进步派在短短20年的时间里就促成了一系列的政令法规，成就不可谓不大，但以现在的眼光来看，进步派推动改革的艰难体现了美国在通往国家福利的道路上的犹豫与彷徨。虽然此期间通过的政令法规不少，但基本上是地方性的，涉及的项目也大多与民生无关。政府的资金投入更是捉襟见肘，1920年仅占国民生产总值的5.5%，其中还包括内战、美西战争和一战老兵的抚恤金，而同期英法两国在福利项目上的投入则分别达到19.1%和25.5%。[1]

福利改革之所以难以取得更大的进步，原因是多方面的，主要与当时的社会现实有关。第一，资金问题。当时政府的岁入主要依靠当地的财产税，不仅数额较小，而且要优先投入到教育等领域，自然无暇顾及其他。第二，依照宪法规定，社会福利事务的管辖权在州政府，因此，大多数美国人，甚至一些进步派人士都不愿去挑战宪法的权威。再加上联邦最高法院倾向于从狭义上解释宪法，这也在一定程度上限制了国家福利的发展。第三，过于依赖地方政府。进步派在福利改革上的重大突破几乎都是在地方政府。地方政府的改革固然重要，但它们往往出于自身利益的考虑，阻碍改革的进程。第四，得不到福利改革最大的受益群体的支持。由于语言不通，文化不同，以及各民族聚居等原因，移民之间交流与合作困难，而且所谓的福利改革不能满足他们的实际需求，有些法令在他们看来甚至是荒唐可笑的，相反，政治老板通过提供工作机会和分发食物等小恩小惠获得了他们的支持。第五，工会组织往往出于自身利益的考虑拒绝与改革者结盟。最后，国家福利的思想与美国的新

1 Bruce S. Jansson, *The Reluctant Welfare State: American Social Welfare Policies* (Belmont, CA.: Thomson Books/Cole, 2000), 141.

教工作伦理相悖，再加上社会中残存的社会达尔文主义思想，人们对有可能助长懒惰、妨碍个人努力的福利法案基本上是坚决抵制的态度。

总的来说，改革派为解决贫困问题所作的努力作用并不明显，它的主要意义在于产生了国家福利的萌芽。美国人改变了以前消极的国家观，普遍接受政府有责任规范经济使财富为公众利益服务的看法。罗斯福在1910年8月的“新国家主义”演讲中说，“在人类向前迈进的不同阶段，不劳而获和劳而不获之间的斗争一直是进步的中心条件。”20世纪开始之前，美国人关心的是如何阻止“不劳而获”，20世纪开始之后，他们开始担心该如何防范“劳而不获”。解决的办法就是政府介入，因为“政府谋求的乃是人民的福利”。无论是罗斯福的“新国家”，还是其继任者的“新自由”，它们传达了同一个思想：政府对社会经济和民生更为积极的干预。1929年的经济大萧条为此提供了一个绝佳的机会。

第四章 时代的困惑

“进步运动”之后，进步主义思想得到广泛传播，它崇尚人与人之间的平等，相信人的主观能动性对社会的改造，因此要求国家干预，实行国家福利，这种要求在罗斯福新政时期得到确立，在约翰逊的“伟大社会”中达到顶峰。国家福利改善了贫困人口的生活，但也催生了一批身体健康却依赖福利生活的人，这种“不劳而获”的现象对“勤劳节俭、吃苦耐劳”的传统工作伦理造成了严重伤害。70 年代，美国保守主义思想回潮，要求福利改革的呼声越来越高，但福利基本上属于一种“立则不能废，增则不能减”的制度，因此，工作与福利相结合的折中选择成为自尼克松之后国家福利改革的基本政策。

第一节 推开福利之门：罗斯福新政

1933 年罗斯福入主白宫时面对的是美国历史上最糟糕的局面。始自 1929 年的大萧条让美国经济遭受前所未有的重创。工厂倒闭，商店歇业，银行关门，许多人失去了毕生的积蓄。他们尚未从 20 年代的繁荣与乐观中清醒过来，就突然发现自己加入了失业的大军，甚至被迫流离失所，靠施舍度日。1933 年，全国有近 1,700 万人失业，占总劳力的四分之一，有两百万“漂泊无依的人”四处流浪，其中有 25 万以上是 16 至 21 岁之间的年轻人。几乎每个家庭都有失业者。上个世纪末的穷人还都只是些产业工人，现在连中产阶级的破落速度都快得令人痛心。农场主、工程师、牧师、校长沦落成干粗活的小工，失业女教师带着孩子在地洞里过冬，类似的事情时刻在发生。约翰·斯坦贝克 (John Steinbeck) 回忆起自己当年无钱看牙医，结果牙齿一颗颗烂掉的情形，仍然不寒而栗。托马斯·伍尔夫 (Thomas Wolfe) 经常去纽约市政厅前面的公厕，他看到那里的流民“就像是破船烂木，随处漂流。其中有的是诚实而正派的中年人，他们贫穷劳累，满脸皱纹；有的是青年男子，满头长发，从不梳洗。”[1] 1932 年 8 月，《星期六晚邮报》的一位撰稿人问英国经济学家约翰·凯恩斯 (John Keynes)：历史上有过类似大萧条这样的事情没有？他回答说：“有的，那叫黑暗时代，前后共 400 年。”[2]

回顾历史时，人们往往将大萧条的爆发归结于当时自由放任主义经济模式产生的固有弊病，必须依靠国家干预经济的手段来解决。但当时的老百姓似懂非懂，只是笼统地将其归结为“时势”。究竟“时势”是什么，却没人说得清。相比之下，他们觉得“大萧条的局面是某些人偷懒怠工造成的”这种说法倒还有些道理。生活在 30 年代的人们虽然大都经历了进步时期，但总的来说，他们的工作价值观仍然是保守的，新教工作道德还在发挥着作用。这些人从小接受的教育就是“谁卖力气，谁有出息”，身体健全但穷困潦倒是道德堕落的表现，只能责怪自己，谁也不能抱怨。因此，有些人宁可选择自杀，也不愿接受救济，这些人被称为“利他主义自杀者”，即宁可牺牲自己，也不愿成为社会的负担。当时的人们为了找到工作，常常做些现在看起来既可笑又可怜的事。有人为了找工作步行 900 英里，有人在职业介绍所门口通宵达旦地排队就是为了占个好位子，有人出钱买工作，更有甚者，有人故意纵火，为的是想让人家雇他当救火员。[3] 多年后，林登·约翰逊的太太仍然

---

1 〔美〕威廉·曼彻斯特著，朱协等译：《光荣与梦想：1932—1972》(上)，海南出版社 2004 年版，第 20 页。

2 〔美〕威廉·曼彻斯特著，朱协等译：《光荣与梦想：1932—1972》(上)，第 3 页。

3 〔美〕威廉·曼彻斯特著，朱协等译：《光荣与梦想：1932—1972》(上)，第 7 页。

记得约翰逊给孩子们找到正经工作时的那股子得意劲儿。当四处谋生的努力失败后，人们只得灰头土脸地寻求慈善救济，这对大多数有自尊心的人来说，实在是万般无奈之举，也难怪幽默评论家威尔·罗杰斯 (Will Rogers) 居然羡慕起了俄国："那些瞧不上眼的俄国佬……他们的办法真了不起啊……国内人人有工作，想一想这多好。"[1]

30 年代的美国，政府福利非常不完善，针对全民的救济更是没有。救助失业人员与他们家庭的责任主要是由私人慈善机构承担的。但很快，它们就发现，到处都是流离失所的穷人，它们压根就没有能力应对这场危机。慈善机构的救助对象原本只是些老弱病残，现在范围扩大到了普通的中产阶级。他们许多人辛苦工作了一辈子，到头来饥寒交迫，一文不名。那些有幸保住工作的人，工资也是少的可怜，只能说是饿不死人。据 1932 年 9 月的《财富》杂志估计，美国有 3,400 万成年男女和儿童没有任何收入，占总人口的 28%，这还仅限于城市人口。在这种境况下，再依靠资金紧张、限制颇多的慈善机构或者个别有钱有势的"大善人"，已经无异于缘木求鱼，杯水车薪。很快，要求政府出面，在全国范围内进行公共救济的呼声原来越高，它在处理摇摇欲坠的国家经济、大规模失业，以及全民贫困方面有着慈善机构难以企及的优势。20 多年前，一些热情洋溢的改革者就提出过类似想法，但收效甚微，现在，大萧条为他们创造了一个绝佳的机会。

面对迫切需要解决的贫困人口温饱问题，各阶层的精英出于不同目的或立场，纷纷提出解决方案，其中影响较大的有汤森医生的"养老金计划"，作家厄普顿·辛克莱 (Upton Sinclair) 的"消灭贫困计划"，参议员休伊·朗 (Huey Long) 的"共享财富计划"，以及库格林 (Charles Coughlin) 神父的蛊惑宣传等，其中汤森计划最受人欢迎。汤森计划的主张是，凡 60 岁以上的老人，政府每人每月发放津贴 200 元，条件是

---

1 〔美〕威廉·曼彻斯特著，朱协等译：《光荣与梦想：1932—1972》（上），海南出版社 2004 年版，第 31 页。

他们必须放弃工作，并把这笔钱在一个月之内花完。加快货币流通、增加社会购买力的想法对那些天真的人有着强大的吸引力，经济学家称之为“速度神话”。被热情冲昏了头脑的支持者忽视了这样一个事实：当时合乎发放条件的人口为800万至1,000万人，这意味着必须拿出将近一半的国民收入才能满足需求，最终这笔钱还是要通过税收的方式转嫁到普通工薪阶层身上。辛克莱的口号是“消灭加利福尼亚的贫穷”，简称EPIC，办法是建立社会主义公社，这在私有财产神圣不可侵犯的美国，几乎可以说是自寻死路，结果也确实如此。至于休伊·朗和库格林神父，他们都是极端分子，一个靠政治煽动，一个靠蛊惑宣传，最后谁也没能如愿以偿。

以上的种种设想和方案要么具有强烈的理想主义色彩，要么出于个人功利，并未形成全国性的影响，更没有法律约束和强制力量，在30年代美国纷繁芜杂的政治舞台上，只能凭添鼓噪，不可能取得主导地位。但正是这种各抒己见、“拉帮结派”的权利帮助阻止美国陷入暴力革命，而且，它们也在一定程度上开启了民智，提高了人们的认知和觉悟，无形中加强了罗斯福新政改革中的左派力量，间接促进了1935年《社会保障法》的出台。

面对经济萧条和贫困问题，时任总统胡佛(Herbert Hoover)先是过于乐观，后又过于保守，因而无所作为。起初，他拒绝承认危机的严重性，相信萧条很快就会过去，繁荣随时都会到来，人们需要做的，除了等待，就是重拾信心。那时，人们听到最多的就是“国家的经济基础完好无损”、“最糟糕的阶段已经过去”、“危机将会在60天内结束”等等。在认识到问题的严重性后，他又坚守自己自由放任主义的经济理念，相信依靠市场自身的调节功能就能解决一切，反对任何可能妨碍私人投资和进取精神的措施，拒绝政府干预。他固执地认为，救济不仅涉及经济，更是道德问题，私人慈善可以，公共救济，尤其是国家救济，无疑会损害人们自力更生的精神。因此，他赞成美国红十字会采取行动，却时刻警惕利用危机来扩大联邦政府权力的企图。1930年底，他同意国会拨款4,500万美元给阿肯色的农场主，用于购买家畜的饲料，却拒绝再增付2,500万美元给忍饥挨饿的农场主和他们的家人。一年后，众议院议长约翰·戛纳(John Garner)和纽约州参议员罗伯特·瓦格纳(Robert F. Wagner)联合提议，由联邦政府出资26亿筹建公共工程，这样既可以增加就业，又能促进经济。但胡佛否决了此提案，他说："在这个国家的历史上，还从未有人提出过如此危险的建议。"[1]

随着危机的加深，胡佛总统不得不采取一些应对措施，但为时晚矣。1933年初，在罗斯福就职演说的欢呼声中，他黯然下台。胡佛是美国总统中少有的理财能手，但理财的方式是自由放任，他对欧洲一些国家的孩子和难民进行救济，但靠的是募集的资金，他的成就来自坚定的自由主义信念和对美国传统的维护，但他的失败也恰恰来自于此。胡佛的本意是好的，但他的那一套在彼时的美国已经不合时宜，正如尼克松所说："胡佛是不幸的，他那个总统做的不得其时。"[2]

所谓穷则思变，变则通。罗斯福当选总统就是美国历史中的最重要的变数之一。比起不知变通的胡佛，罗斯福大胆，有魅力，也有魄力。在应对危机的过程中，他无前章可循，无前法可依，靠的是"摸着石头过河"的实用主义精神，带领美国人民走出困境，继而奠定美国福利国家的基石。1932年，时任纽约州长的罗斯福在接受民主党总统提名演说时宣称："如果我没弄错的话，这个国家需要大胆持续的试验。常识告诉我们必须选择一个方法，然后进行尝试。一个失败了再试另一个。不管怎么说，总得试试。"[3]

罗斯福的第一个试点是纽约州。1931年9月，纽约州立法会通过威克斯法案，成立临时紧急救济署，向有需要的州民提供失业救济。这是

---

1 Walter I. Trattner, *From Poor Law to Welfare State: A History of Social Welfare in America* (3rd edition) (New York: the Free Press, 1984), 261.

2 〔美〕威廉·曼彻斯特著，朱协等译:《光荣与梦想：1932—1972》(上)，海南出版社2004年版，第25页。

3 Franklin D. Roosevelt, "Address to the Democratic Convention accepting nomination of President," 2 July 1932.

美国第一个失业救济法，也是罗斯福公共福利思想的一次具体实践。罗斯福是积极的政府干预论者，他认为，对无业公民的帮助，“必须由政府负责，不是作为慈善，而是一种社会责任。”[1]他进一步解释说，既然救济款来自于整个社会的税收，那么对于那些早前自力更生，并按时缴纳了税金的人，他们实际上已经提前支付了现在申领的救济金，并不是所谓的不劳而获。类似的说辞减轻了受助者的心理负担，他们逐步意识到，贫穷与道德堕落之间没有直接的联系。威克斯法案在纽约州取得了极大的成功，其他各州纷纷效仿，到了1931年末，已经有24个州开始施行失业救济。这些实践为罗斯福制定新政措施提供了经验。

罗斯福上台之初，面对摇摇欲坠的国家经济，以及大批迫切需要工作的贫困人群，到底该如何缓解这个局面，他面临着以下选择。第一，是先解决贫困人群的失业和温饱，还是先改革经济；第二，以什么形式向贫困人群提供救助；第三，救助措施是临时救急，还是长期推行；第四，在救助过程中，联邦政府应该扮演何种角色，是由联邦政府统一管理，还是将款项下拨到各州、市、镇，由它们具体安排。针对这些问题，各方势力互不相让，罗斯福和他的幕僚们，就是在平衡各方势力的过程中，一步步开始推行他的新政计划，最终构建了关于社会保障的一整套思想。

首先，在工业化生产的背景下，认识到社会竞争不可避免，生存危机成为常态。现代工业化大生产是不断创新的，它通过优化组合不断汰劣，即淘汰相对落后的设备和不相适应的人群。罗斯福在签署《社会保障法》时指出：“过去百年来的文明社会，由于它惊人的工业变化，曾经趋向于使得生活越来越不安全，年轻人开始担心他们将来的老境如何，有工作的人则担心他们的工作能保持多久。”[2]由政府出面制定社会保障法，将给这些人以安全感，即使再遇到大萧条这样极端的经济状

---

1 Walter I. Trattner, *From Poor Law to Welfare State: A History of Social Welfare in America* (3rd edition) (New York: the Free Press, 1984), 262.

2 〔美〕富兰克林·罗斯福著，关在汉译：《罗斯福选集》，商务印书馆1982年版，第78页。

况，也能保证温饱，最终实现“免于匮乏的自由”。

其次，社会保障的范围要覆盖全国的所有人群，而不是个别地区或特殊群体。罗斯福认为：“在地大物博的我国，不能允许任何人挨饿，我们第一位的考虑，过去是，现在继续是救济。”[1]他宣称，没有经济上的独立和安全，就不存在真正的个人自由，贫困的人是不自由的，饥饿和失业的人们是创造独裁国家的原料。[2]

最后，鉴于经济危机的严重性，慈善机构和地方政府的社会保障能力有限，无力解决社会各阶层实际存在的问题，必须依靠国家统筹安排，全面负责民生问题。罗斯福说：“我们要通过政府，运用整个民族的积极关心，来增进每个人的安全保障。”[3]文明社会里的每个人都应享有维持最基本的生活水准的权利，公共福利是确保实现这一权利的手段。“通过社会保障来对我国公民及家庭实行进一步社会保障，这三大任务——家庭安全、生活保障、社会保障——在我看来，乃是我们能够向美国人民提出的最低限度的承诺。”[4]

罗斯福的社会保障思想是在大萧条的危急关头成熟起来的。危机造成的社会震荡冲击了各个社会群体，失业者、老年人和底层社会的劳工受害最深，要求改革的呼声也最高。为了防止美国社会走向崩溃，必须对出现裂痕的社会进行修补和巩固。

1933年，救济问题已经迫在眉睫。成百上千万的失业者等待着政府的关注。在3月21日的国会咨文中，罗斯福总统提出了三种救助方案：一是授权各州为贫困者提供直接救济；二是政府招聘工作人员，在不妨碍私企的情况下扩大就业；三是制定长远的公共工程计划。第一项措施对应的就是1933年5月成立的联邦紧急救济署(FERA)。它是美国历史上第一个联邦福利项目。该项目是由国会下拨5亿美元给各州、市、县

1 〔美〕富兰克林 · 罗斯福著，关在汉译：《罗斯福选集》，商务印书馆1982年版，第63页。

2 〔美〕富兰克林 · 罗斯福著，关在汉译：《罗斯福选集》，第67页。

3 〔美〕富兰克林 · 罗斯福著，关在汉译：《罗斯福选集》，第58页。

4 Walter I. Trattner, *From Poor Law to Welfare State: A History of Social Welfare in America* (3rd edition) (New York: the Free Press, 1984), 290.

政府，直接救济失业者。然而，在实际操作过程中，遇到一些困难。有些州将有工作但薪水不够维生的人也列入救助名单，有些州把联邦紧急救济署看作一块“肥肉”，尽可能地多要钱，以减少自己的配套金额，最终导致联邦紧急救济署花掉了近30亿美元。批评者们抱怨，联邦紧急救济署提供的是直接救济，它不仅没有给失业者提供就业机会，而且打消了部分人的就业欲望。联邦紧急救济署的负责人哈利·霍普金斯（Harry Lloyd Hopkins）随后也承认，直接救济确实有损一些人的工作热情。

1933年夏，联邦紧急救济署开始酝酿工作救济的方案，即以工代赈。此方案的设计者奥布雷·威廉姆斯（Aubrey Willis Williams）认为，人一旦有了工作，便会挽回自尊，重振士气和信心。而且，当时大多数失业者都觉得应该以工作换取报酬，要求给予工作机会。罗斯福本人也不赞同直接救济方式，称之为“一剂麻醉品”，容易催生懒惰心理。他在1933年11月评论说：“当人靠捐赠过日子时，他们的精神就会发生一些变化，从捐赠中脱离得越快，对他们的后半生就越好。”[1]他先前的选择也只是暂时的应急措施。他很快就同意威廉姆斯的计划，于是，同年，民用工程署（CWA）和公共工程署（PWA）成立，这是两个专门负责工作救济的部门。后者主要负责事关国家利益的大型复杂项目，例如机场、大坝、军用设施等，对技术水平要求较高，在救助普通民众方面作用并不明显，但即便如此，它在1934年也保证了50万个直接就业岗位。公共工程署主要在带动下游产业，刺激私企方面发挥了重要作用。

民用工程署从建立伊始，到1934年3月被取消，短短半年左右的时间就让四百多万人拥有了工作。它规定，体力劳动者每周工作30小时，职员和技术人员每周工作39小时。在工资方面，与联邦紧急救济署少得可怜的救济金相比，民用工程署工人的收入则要多得多。较高的

---

1 〔美〕马文·奥拉斯基著，美国政要热读编委会译：《美国同情心的悲剧》，北京出版社2004年版，第155页。

工资和较好的工作环境，使它成为私企低薪工作岗位的有力竞争者。另一方面，申请救济金的人必须亲自前往救助站，向工作人员说明申请原因，然后经过测评，确定符合救助条件才可发放救助金，相比之下，靠劳动吃饭，免去了心理上的负担。正如一位曾经是会计的工人说："我宁可一辈子挖阴沟也不愿意拿一分钱救济。"[1] 1937年5月，在新政实施四年之后，盖洛普民意调查显示，五分之四的人赞成通过公共工程计划来实施救济，工作救济成为人们的首选。当时社会上流传着这样一个故事，一位衣衫褴褛的老人在领到救济金支票后，主动打扫镇上的街道，因为"我要做点事情，我不能白拿这些救济。"[2]

总的来说，民用工程署体现了工作救济的精神价值。它让许多原本被迫依靠他人或政府生活的失业者恢复了自信，不用再满心愧疚，痛恨自己无能。密歇根州的一位女士说："即便是一个短暂的机会，赚到一点点工资，但它带给人的快乐却是无穷的。"[3]然而，另一方面，民用工程署也遭到了前所未有的抨击。民众质疑它将大笔的钱花费在修公园、运动场、游泳池和控制虫害等几乎毫无意义的事情上。因此，民用工程署在1934年被迫关闭。联邦紧急救急署接管了它剩余的项目。

联邦紧急救济署的工作还在继续，但反对的声音也越来越大。反对者承认，联邦紧急救济署确实提高和改善了各州、市、县的救济情况。在危机最严峻的时刻，它解决了数百万年轻人的就业，以及大批老年人生活无依的问题。同时，刚刚变穷的人还有某种羞耻感，比起去信奉惩罚性救济的私人慈善机构，联邦紧急救济署多少也帮助保护了他们的自尊心。但是，反对者们认为，随着时间的推移和就业形势的严峻，越来越多的人开始心安理得地接受救济，并且逐步接受了这样的信念，即政府有责任负责他们的生活。长期无所事事的生活状态加速了他们对无

1 〔美〕马文·奥拉斯基著，美国政要热读编委会译：《美国同情心的悲剧》，北京出版社2004年版，第153页。
2 〔美〕狄克特·韦克特著，何严译：《大萧条》，北京邮电大学出版社2009年版，第58页。
3 〔美〕狄克特·韦克特著，何严译：《大萧条》，第58页。

所事事的渴望，长此以往，这些人将丧失工作的意愿和能力。更重要的是，随着新政改革的深入，救济的措施没有减少，但接受救济的人数却不断增加，巨大财政支出成了政府的沉重负担。随着经济形势逐步好转，联邦紧急救济署在1935年12月宣布解散，将直接救济的责任重新交还地方政府，完成了它的临时使命。

1935年1月，罗斯福本人再次严厉批评了直接救济，指责直接救济"伤了国家元气"。1935年4月，罗斯福正式宣布以工代赈计划，明确规定，对有工作能力的失业者不发放救济金，必须通过参加不同的劳动获得工资。根据该项计划，国会将拨款48.8亿美元，建立不同联邦机构负责具体实施，包括帮助贫穷农民离开贫瘠土地重新定居的再安置署，帮助失业青年接受职业教育和介绍工作的全国青年管理署等等，其中最大的一个机构是由霍普金斯直接负责的公共事业振兴署(WPA)。公共事业振兴署主持修建了各种工程项目，如修建公路、桥梁、机场、运动场、校舍、公园等等。据统计，从1935年5月建立到1943年结束，公共事业振兴署总共花费110亿美元（其中85%直接用于支付工资），为850万失业人口提供了就业岗位。公共事业振兴署给了人们适度的尊重，它不意味着嗟来之食，也不是不劳而获。很多失业者的妻子都自豪地说："我们不再接受救济了，我丈夫在为政府工作。"[1] 1939年，由工程兴办署筹建的纽约世博会大楼上，镌刻着这样的话："工作是美国对那些无所事事的人需求的最好回馈。"[2]

大萧条对美国造成的影响是深远的，整个社会从公众舆论到群体价值都开始了新一轮的洗牌。就对待工作的态度来说，自力更生，勤劳节俭，经济成功等传统理念开始遭遇前所未有的挑战，许多人开始对这些价值观嗤之以鼻。托马斯·杰斐逊大学的一位学生说："我们意识到，诚实、正直和勤奋，再也不能让你攀上顶峰。"[3] 那些眼睁睁看着银行接

---

1 〔美〕狄克特·韦克特著，何严译：《大萧条》，北京邮电大学出版社2009年版，第76页。

2 〔美〕狄克特·韦克特著，何严译：《大萧条》，第76页。

3 〔美〕狄克特·韦克特著，何严译：《大萧条》，第25页。

二连三破产，一辈子的辛苦钱就这么付之东流的老人们悲伤地感慨："存钱已经毫无意义。"[1] 在商业领域和失业大军中，人们更倾向于认同这样的观点：成功更多得取决于"运气"和"门路"，而非能力。失业的焦虑和恐惧失业的不安消磨了人们的进取心。冒险、创业、苦干、奋斗、节俭已经是传统的陈词滥调，受到报刊杂志和街头巷尾议论的不断质疑。与年轻人动辄怀疑一切、反对传统相比，中老年人更加愿意恪守古训，尊重传统，他们继续捍卫传统的工作价值观，但即便如此，他们也难逃贫穷的厄运，于是他们的经历又成了反对传统的有力证据。

1932 年，加利福尼亚州失业委员会档案中一位 80 多岁老人的亲身经历，充分说明了大萧条前后的差别。1873 年，老人开始工作，恰好遇到经济危机，他没了工作，成了街头的流浪汉。在兴修铁路、建矿挖煤的热潮中，他做了一名护路工人，接着是煤矿工人，后来是杂货商。1890 年，他发现自己成了一个还算富裕的商人。可是，1893 年经济危机再次降临，他再次一贫如洗，两年后，他筹措到资金，去加利福尼亚经营农场，生活再次好转。如今，他已是垂暮之年，又一次一无所有，他知道这一次是不同寻常的。数年前，贺拉斯·格里利曾说过："年轻人，去西部吧，与国家共同成长，"但现在他却说："年轻人，去西部吧，然后像挪威旅鼠一样把自己淹死在太平洋里。"[2]

新政第一阶段的临时性保障措施把行将溺毙的人们拖出了危机的深渊，现在，罗斯福要进一步深化改革，确保即使危机再次来临，美国人也能维持温饱，安然度过。罗斯福相信，失业和贫穷不是个人而是制度问题，否则即便有大萧条，勤劳节俭、自力更生的人也不会失去工作，忍饥挨饿。再者，他认为，一个政府"如果对老者和病人不能照顾，不能为壮者提供工作，不能把年轻人注入工业体系中，听任无保障的阴影笼罩每个家庭，那就不是一个能够存在下去，或是应该存在下去的政

1 〔美〕狄克特·韦克特著，何严译：《大萧条》，北京邮电大学出版社 2009 年版，第 25 页。

2 〔美〕狄克特·韦克特著，何严译：《大萧条》，第 26—27 页。

府”。[1] 罗斯福政府决心从制度的弊病入手，考虑用立法的手段将社会保障措施永久地固定下来。

当时的社会状况也为这一想法的实现提供了可能。首先，民众的支持。这里的民众不仅包括社会底层的穷人，也包括一部分中产阶级。刚刚从大萧条的泥淖中挣扎出来的人们体味到了贫穷失业的痛苦，他们希望今后能够免于这种恐惧。1938 年的盖洛普民意调查显示，赞成养老金制度的人不少于 90%。[2] 其次，改革派和社会工作者的支持。他们从人道主义精神出发，要求改善民众的生活状况，给需要的人提供帮助。再次，思想上的准备。一方面，大萧条让人们认识到，自力更生，勤劳节俭的传统工作伦理已经不能保证衣食无忧的生活；另一方面，在社会舆论机器的宣传下，人们开始接受维持最低生活水准是他们的权利的理念。最后，联邦政府权限的扩大，以及政府在前期的临时救助中积攒的经验也奠定了改革的基础。

1935 年 8 月，《社会保障法》通过。它改变了由慈善团体或地方政府提供救助的老传统，开始了福利国家的试验。根据此项法律，联邦政府成立了社会保险署，并规定社会保险包括下列四个方面：养老金，失业保险，老年保险，以及对盲人、需赡养的儿童和其他遭遇不幸者的救济。根据法律第一章的规定，州政府如提出妥善的养老金计划，联邦政府可拨款补助，以此鼓励各州制定养老金法。《社会保障法》对解决经济危机造成的困境，保证绝对贫困人群的生存，从而稳定社会秩序，发挥了重大作用。它在美国社会保障制度的发展史上具有划时代的意义。此后半个多世纪以来，联邦政府制定的各项社会保障政策和法令基本上是罗斯福时期各项政策的延续、发展、扩大和调整。

与 20 世纪初进步时期在社会保障上取得的成绩相比，新政至少在两个方面实现了超越。第一，进步时期的改革以地方政府为阵地，新政

1 李富明等主编：《美国总统全传——富兰克林 · 罗斯福》，青苹果电子图书系列，第 16 页。

2 〔美〕狄克特 · 韦克特著，何严译：《大萧条》，北京邮电大学出版社 2009 年版，第 177 页。

则是联邦政府取代地方政府，成为救济的实际管理者。第二，进步时期取得的成绩大多是有名无实的法律条款，新政则是实实在在的项目计划。但在三十年代，以《社会保障法》为中心的新政受到了保守派和左派的双面夹击。保守派认为，由联邦政府承担社会保障的责任显然过于激进，违背了美国传统的自助精神，是对个人自由的侵犯，滑向了社会主义的边缘。但在一些激进的左派人士看来，以《社会保障法》为中心的新政措施显然走得还不够远，他们认为《社会保障法》只不过是"与公共福利有关的一些杂七杂八的条款"。[1] 回顾历史，新政的一系列保障措施之所以没有在深度和广度上取得质的突破，除了因为这些措施大多是两党斗争妥协的结果，罗斯福本人不愿走得太远也是其中一个重要原因。从本质上来讲，说罗斯福是保守派并不算离谱，他一再说："你要维护传统吗？那就必须对它加以变革。"[2] 因此他的变革不是要推翻传统，而是通过微调和修补，让传统重新焕发生机。但是，正如罗斯福在《向前看》中告诉国民，"我们已经上路，"美国已经走上了福利国家的道路，更大的变革将由林登·约翰逊来完成。

第二节　消灭贫穷：约翰逊的"伟大社会"

艾森豪威尔在1956年1月20日的第二次总统就职典礼上说："在我们的国家，人民各安其业，财力十分丰裕。我们的人口不断增加。我们的河流、港口、铁路和公路舟车云集，天空飞机穿梭，商业一片兴旺繁盛。我国土地肥沃，农业出产丰富。天空里回荡着工业奏出的乐章，这是一曲由轧钢机、冶炼炉、发电机、大水坝和装配线所奏出的富

1　Walter I. Trattner, *From Poor Law to Welfare State: A History of Social Welfare in America* (3rd edition) (New York: the Free Press, 1984), 274.

2　钱满素：《美国自由主义的历史变迁》，生活·读书·新知三联书店出版社2006年版，第100页。

足美国的大合唱。”四年后，他在离任前夕发表的告别演中，对自己8年总统任期内取得的成果表示满意。“我们现在的日期距本世纪中点已过10年，这个世纪经历了大国之间四次大的战争，我们自己的国家卷入其中三次。尽管经历了这些大规模的战祸，当今美国仍是世界上最强大、最有影响、生产力最高的国家。”[1] 艾森豪威尔的话并没有夸张，美国日趋富裕的迹象随处可见。从经济上看，1950年的美国国民生产总值是3,181亿美元，1960年上升到4,392亿美元（以1954年美元计算），增长3,8%，年均增长率达到4.85%。从人口和财富比来看，1940年美国人口为13,600万，到50年代末增加到18,000万，在此期间，美国的国民生产总值从2,280亿美元增加到了5,020亿美元；也就是说，在同一时间，全国人口增长了32%，而国民总财富增加了120%。[2] 从消费水平看，每人每年平均实际消费，从二战结束时的1,350美元，上升到1960年的1,824美元（以1960年美元计算），增长35%。到1956年，81%的美国家庭有电视机，96%的家庭有电冰箱，67%的家庭有真空吸尘器，89%的家庭有洗衣机。因此，美国著名经济学家约翰·加尔布雷思(John Galbraith) 将50年代的美国称为“丰裕社会”。[3]

由于经济的发展以及消费观念的改变，节俭突然变得落伍了。经历过大萧条的人们虽然还保留着悲惨的记忆，战后成年的一代却缺乏经济拮据的体会，他们不仅花掉手上的每一分钱，而且还会提前透支今后很长一段时间也未必能挣到的收入。他们不必为钱发愁，因为银行很乐意提供贷款。报刊、杂志、电台、电视台轮番的广告刺激着人们去消费。沃尔特·汤普森广告公司的研究人员居然引用了本杰明·富兰克林的话来为花钱大手大脚的人开脱：“希望有朝一日能够购买和享受各种奢侈品，这岂不是对勤劳的推动力吗？……如果没有这种推动力，大家都会

1 张铁锦主编：《美国总统档案》（第二卷），九州图书出版社1999年版，第1355，1357页。

2 〔美〕拉尔夫·德·贝茨著，南京大学历史系英美对外关系研究室译：《美国史：1933—1973》（下卷），人民出版社1984年版，第189页。

3 刘绪贻主编：《美国通史——战后美国史：1945—2000》，人民出版社2002年版，第135—136页。

自然地趋向于懒散，所以奢侈岂不反而可能使得生产超过消费的需要吗？”在凯恩斯“有效需求”的经济理论的指导下，政府也积极鼓励消费。纽约某报报道说：“节约风气的抬头，使政府感到不安。”[1]人们心安理得地花钱购物，即便买了无用的东西，那也是扩大了内需，支持了国家繁荣。这显然有违美国传统的新教经济伦理，但这又有谁在意呢？正如评论家埃德蒙·威尔逊 (Edmund Wilson) 说的，“在我们祖父时代宗教所起的作用，现在已由生产、消费和利润来承担了。”[2]

50 年代美国经济的增长并不能掩盖经济发展中存在的问题。在战后的 20 年中，美国经济经历了一系列的紧缩、萧条等波动，尤其到了 50 年代末期，经济在一定程度上陷入了停滞和上攻乏力的困境，失业问题尤为严重。1954 年之后，美国的失业率一直高居 4.1% 以上，在经济衰退的 1958、1961 年更是高达 6.8%、6.7%。肯尼迪在上任后曾对国会说：“在经济衰退时期，大规模失业是很糟糕的，而在繁荣时期，大规模失业则是不可容忍的。”[3]

造成 50 年代失业人口居高不下的原因是多方面的，最重要的是劳动力人口的大幅增加。由于第三次科技革命引发的结构性产业调整，大量农村劳动力被迫向城市转移，再加上婴儿潮期间出生的人业已成年，从 1947 年到 1962 年，新增劳动力人口近 1,200 万，整个 60 年代有 2,600 万新工人进入劳动力市场，[4]其中有相当一部分是来自南部的黑人农民。这些人在南部老家长期遭受种族歧视的压迫，在社会地位和经济地位上都处于最下层，于是纷纷选择前往大城市另谋生路。但他们既无知识，又无技术，在就业无果后，大多聚居在城市贫民窟，成为城市贫民。据统计，从 1940 年到 1970 年，共有 450 万黑人移居北部或西部

1 〔美〕威廉·曼彻斯特著，朱协等译：《光荣与梦想：1932—1972》(上)，海南出版社 2004 年版，第 792—793 页。

2 〔美〕威廉·曼彻斯特著，朱协等译：《光荣与梦想：1932—1972》(上)，第 795 页。

3 〔美〕西奥多·索伦森著，复旦大学世界经济研究所译：《肯尼迪》，上海译文出版社 1981 年版，第 233 页。

4 〔美〕西奥多·索伦森著，复旦大学世界经济研究所译：《肯尼迪》，第 236 页。

的大城市，其中 90% 集中在加利福尼亚、纽约、宾夕法尼亚、俄亥俄、密歇根和伊利诺伊 6 个州。[1] 黑人贫民大规模聚居城市的现象一方面集中凸显了贫困问题，另一方面也为民权运动，以及之后的黑人暴动创造了条件。肯尼迪在 1963 年 6 月 19 日的民权和工作机会咨文中说："失业特别残酷地落在少数民族集团。黑人工人失业率高于整个工人队伍的两倍以上。在许多大城市，失业黑人青年数字常常是 20% 还多，造成一种挫败、愤慨和不安的气氛。"[2]

这一时期的美国大众依然沉浸在"丰裕社会"带来的幸福里。"丰裕社会"是加尔布雷思在对美国社会状况进行了充分、详细的摹画、分析和说明后得出的结论。他宣称，美国已经进入富裕社会阶段，"从一定意义上讲美国的贫困已经消除了，大量的人口已经不再贫困。"[3] 加尔布雷思并不否认美国依然存在贫困问题，而且在如此丰裕的社会里，贫困不仅"引人注目"，而且是一种"耻辱"。但是，他强调的依然是富裕，贫穷只是一种独特的少数问题和附带现象。同样，美国大众未必不知道贫困的存在，但他们宁愿选择"善意的疏忽"(benigh neglect)，因为他们相信，经济的繁荣已经、或者很快就能解决遗留的贫穷问题，用历史学家詹姆斯·帕特森 (James T. Patterson) 的话说是"自然消亡"。[4] 美国的报刊杂志也在忙着庆贺"美国世纪"的到来。整个 50 年代，《时代周刊》、《新闻周刊》和《美国新闻与世界报道》总共加起来也只有不到五十篇与贫困有关的文章。[5] 著名专栏作家李普曼 (Walter Lippmann) 曾不无讽刺地评论道："我们都大谈我们自己，仿佛这个社会已完美无缺，是一个已经完全实现了其各种目的的社会，已经不再需要做什么事

---

1 Geoffrey Hodgson, *America in Our Time* (Garden City: Doubleday, 1976), 60.

2 John F. Kennedy, "Speicial Message to the Congress on Civil Rights and Job Opportunities," 19 June 1963.

3 John Kenneth Galbraith, *The Affluent Society* (Boston: Houghton Mifflin, 1958), 251.

4 Walter I. Trattner, *From Poor Law to Welfare State: A History of Social Welfare in America* (3rd edition) (New York: the Free Press, 1984), 292.

5 Martin Gilens, *Why Americans Hate Welfare: Race, Media, and the Politics of Antipoverty Policy* (Chicago: the University of Chicago Press, 1999), 104.

情了。”[1]

当公众意识缺失的时候，知识分子的先锋作用就能体现出来，他们往往能够更加清晰地看到社会的本质。1962年，迈克尔·哈林顿(Michael Harrington)的畅销书《另一个美国：美国的贫困》出版，美国的贫穷问题再次进入公众的视野。哈林顿认为，当时美国的贫困人口为4,000—5,000万，几近全国人口的四分之一。他对穷人的定义是：以当今美国的生活水平为基准，在生活必须的健康、住房、食品和教育方面达不到最低标准的人。[2] 1963年，社会批评家德怀特·麦克唐纳(Dwight MacDonald)在《纽约人》上发表题为《看不见的穷人》的文章，对贫困问题进行了总结性的评述，最后得出结论：贫困是经济问题，而不是哈林顿所谓的文化问题。自由派知识分子对贫困问题的研究著作，尤其是哈林顿的《另一个美国》对肯尼迪触动很大，成为他后来实施“反贫困”计划的重要推动力。

60年代的自由派知识分子相信个人的潜能，也相信政府的力量。他们相信，充裕的经济资源、社会学家和经济学家的专业知识和正确的政府引导结合在一起能够确保政府解决遗留的社会问题。因此，他们积极促使政府在解决贫困的问题上实行国家干预，推行国家福利主义。这种要求国家在解决贫困问题上发挥积极作用的思想始于进步主义时期，历经罗斯福“新政”、杜鲁门“公平施政”和肯尼迪“反贫困”计划的发展，最后在约翰逊的“伟大社会”中达到顶峰。虽然自由派知识分子在30年代末之后经历了一段沉闷期，但是他们对具有普世主义价值的国家福利的思考和推动并未停止。大量的研究声称，公共福利与个人堕落之间没有联系，联邦政府应该发挥其影响力。1938年，伊迪丝·阿博特(Edith Abbott)在论文《救济：这片荒芜的土地和它的开垦》中号召把对失业者的帮助扩大化和国有化。1943年，由拉塞尔基金会资助、

1 杨冠琼主编：《当代美国社会保障制度》，法律出版社2001年版，第52页。

2 Michael Harrington, *The Other America: Poverty in the United States* (New York: Macmillan Publishing Company, 1994), 179.

唐纳德·霍华德 (Donald Howard) 主持的一个福利项目发布了一份长达 835 页的研究报告，报告对“工作比发放救济金有益的结论”提出了质疑，并在最后呼吁建立一个国有化的福利体系。霍华德认为，救济应该成为一个非人格化的“权利”机构，“没有人有对任何有权申请帮助的人行使否决的权力。”他反对背景调查，建议把救济金直接交给宣称自己符合救济条件的人。[1] 战后保守主义的氛围，以及公众对贫困问题的“善意的忽视”使得国家福利主义的发展几乎陷入了停滞。50 年代的盖洛普调查表明，大多数美国人喜欢的仍是有限的福利制度。然而，马文·奥拉斯基 (Marvin Olasky) 指出，30 年代末和战争期间，三个微妙的改变已经把美国指引到国家福利的系统里。首先，对集体行动和社会意识的强调增加了，个人意识逐步减弱；其次，福利机构的改变减少了捐赠者与个人的交流，捐赠变得没有人情味；最后，贫穷是个人责任的说法被视为是“微不足道和反革命的”。[2]

1960 年肯尼迪当选美国总统是自由主义改革派的一次重大胜利。自由主义改革派在 50 年代就已经发展和宣传了他们自己的观点，表达了运用国家干预解决贫困问题的诉求，但由于在立法上的无力，无法说服艾森豪威尔和国会采取更加积极的社会福利政策。肯尼迪在思想上信奉自由主义，在实践上是行动主义的忠实贯彻者，他的当选意味着自由主义改革派有机会实践他们的改革理想，另一方面也表明美国民众对自由主义和行动主义改革的支持。

肯尼迪对自由主义做了非常具体的界定：“……如果自由主义者指的是一个人向前看而不是向后看，欢迎新思想而不是固执僵化，关心人民的福利——他们的健康、住房、学校、工作、民权和公民自由——相信我们能够打开我们外交政策的僵局和疑虑。如果自由主义指的是这

1 〔美〕马文·奥拉斯基著，美国政要热读编委会译：《美国同情心的悲剧》，北京出版社 2004 年版，第 165—166 页。

2 〔美〕马文·奥拉斯基著，美国政要热读编委会译：《美国同情心的悲剧》，第 162—163 页。

些，那么我很自豪地说我是一个自由主义者。”[1] 肯尼迪的这番话表明，他将代表穷人、少数民族、弱势群体，扩大联邦政府在经济管理中的作用，推行国家福利制度。他的总统就职演说已经为后来的“反贫困”计划定下了基调，他要求全国人民“承担起向人类共同的敌人：专制、贫穷、疾病和战争……开展一场持久性的黄昏战的责任”。约翰逊后来的“向贫困宣战”和“伟大社会”计划都是对“反贫困”计划的继承和拓展。

1963 年，肯尼迪正式着手他的“反贫困”计划，但达拉斯的枪声传来，肯尼迪遇刺身亡。在民权运动风起云涌的背景下，肯尼迪的遇刺再次唤起了美国民众对自由、平等、权利的新理解和新要求，全国逐步进入一种道德升华的心态。1963 年 11 月，在悼念肯尼迪的演讲中，约翰逊宣布将继承肯尼迪未尽的事业，并提出“让我们坚持下去”的口号。1964 年 1 月，约翰逊在向国会提交的第一个国情咨文中指出“贫困是一个全国性的问题”，他宣布“此时此地，本届政府将无条件地向美国的贫困宣战”。[2] 同年 3 月，约翰逊向国会递交《向贫困宣战》(War on Poverty) 的特别咨文。咨文重述丰裕美国存在着严重的贫困现象，对此，美国总统负有“特殊的责任”。[3] 两个月后，约翰逊在密歇根大学演讲时提出了“伟大社会”（the Great Society）的构想，“在这个社会里只有成功而没有贫困，只有美丽而没有单调，只有天才的创造而没有贫困的平庸。”[4] 约翰逊的“伟大社会”实际上是重提罗斯福“新政”，但这次的“新政”是在国力空前强盛，而不是经济极度衰微的情况下主动展开的。约翰逊有理由相信，他将竖立一个等同于、甚至超越罗斯福“新

---

1 钱满素：《美国自由主义的历史变迁》，生活·读书·新知三联书店出版社 2006 年版，第 204—205 页。

2 Lydon B. Johnson, “Annual Message to the Congress on the State of the Union,” 8 January 1964.

3 Lydon B. Johnson, “The War on Poverty: Special Message to the Congress,” 16 March 1964.

4 Lydon B. Johnson, “Remarks at the University of Michigan,” 22 May 1964.

政”的新丰碑。

“伟大社会”计划的提出与顺利实施是与约翰逊本人的特点以及当时的社会舆情分不开的。一方面，约翰逊是一个带有强烈理想主义色彩的自由主义者，他自称“罗斯福新政派”，批评肯尼迪“太过保守，与他的政治不太适合”。他的平民出身，使他保持了对贫困者最朴素的同情心，23 年的国会生涯又培养了他高超的政治手腕，以及与国会立法者周旋的政治经验。他善于平衡各方势力，得到了社会各个利益团体的支持。通过对南方的财政倾斜，他获得了南方保守派的支持；通过支持提高最低工资，他得到了工会的支持；因为支持减税，工商界对他表示赞誉；表示要减少财政支出，保持收支平衡，保守派也愿意妥协；因为赞同改革，自由派也视之为同盟。可以说，在政治上，约翰逊具备了福利改革的条件。另一方面，民权运动日益高涨，贫困问题愈发突出，舆情也要求联邦政府有所作为。根据普林斯顿大学政治学教授马丁 · 吉勒斯 (Martin Gilens) 在《美国人为何痛恨福利》一书中提供的数据，《时代周刊》、《新闻周刊》和《美国新闻与世界报道》中有关贫困问题的文章数量在 60 年代初开始大幅增多，并在 60 年代后半期达到 50 年代以来的历史最高水平。这些报道中除了对政府福利政策的理性分析，主要集中在对贫困个人和家庭的描绘。这些描绘往往图文并茂，更能赢得人们的同情。《新闻周刊》在 1964 年 2 月 17 日发行的一期中，以《贫困，美国》(Poverty, U.S.A.) 为封面标题，用长达 12 页的篇幅记录了全国 54 名穷人的图片。这些文章的发表引导了人们对贫困问题的关注，同时也推动了人们对福利改革的要求。在这种情况下，“向贫困宣战”的“伟大社会”计划可谓是水到渠成。

按照约翰逊的设想，与贫困“斗争”的主要方法是“强化那些经济上处于边缘的人的工作伦理义务”。[1] 这也是当时社会舆情的体现。早

1 Walter I. Trattner, *From Poor Law to Welfare State: A History of Social Welfare in America* (3rd edition) (New York: the Free Press, 1984), 304.

在60年代初，以沃特·赫勒(Walter Heller)为首的肯尼迪经济顾问委员会曾设想直接以财富再分配的方式解决贫困问题，但很快他们就意识到此路不通。一是这种方法并没有触及到造成贫困的根本原因，它不仅无法从根本上解决贫困问题，而且会给经济造成沉重负担，这必然无法赢得纳税人的支持。经济顾问委员会的成员罗伯特·莱普曼(Robert J. Lampman)甚至建议赫勒不要在"反贫困"计划的报告中出现"不平等"或者"收入再分配"的字眼。二是直接的财富再分配与人们的信仰不符。当时的社会大众除了信奉工作伦理，还接受了贫困文化和人力资本的新理论。他们相信，通过训练和教育等方式，社会能够实现对个人的改造。因此，相较于直接的经济资助，开发个人潜能和提高个人生产力更加切实可行。约翰逊也认识到了这一点，他呼吁给穷人提供远离贫穷和救济的手段。

约翰逊提出的主要策略是培训再就业。该策略突出体现的是提供工作和工作培训模式，目的是通过教育或培训的方式改造低收入者，使他们脱贫，而不是利用收入再分配方式，直接向穷人提供现金或实物救济。此外，约翰逊认为，要想消除贫困，仅仅依靠资本投资是不够的，还需要穷人积极参与到社区事务的管理中去，打破地方政治事务中穷人完全处于弱势的状态，取得政治平衡，即穷人的"最大化参与"原则。约翰逊认为，这是一个"既治标、又治本"的计划，可以作为扩张性财政政策的补充来实现充分就业的目标，从而把"食税者"变为"纳税者"。这点在1964年的总统经济报告中有具体阐述：

每年110亿元的投入可以使所有贫困家庭的收入都高于3,000美元，过上最低限度的体面生活。通过大多数人的税收，我们是能够帮助这些运气欠佳的同胞的。……但是，这不会触及到产生贫苦的根源。美国人应该通过自己的努力使自己达到美国人的生活水平。更好，也许是更加困难的办法是让穷人通过自己的努力生产出这 110 亿美元，甚至更多。[1]

约翰逊的愿望是美好的。他希望通过对个人的教育和培训，增加他们的就业机会，提高他们的工作热情，但由于计划不够周密以及种种始料未及的问题，反贫困战争最后不仅没有达到预期的目的，反而因为救助范围的扩大和易得，进一步损害了一部分人的工作热情。

1964 年 3 月，“经济机会法案”(Economic Opportunity Act) 或“反贫困法案”获准通过，约翰逊与贫困的战争正式拉开帷幕。法案要求建立经济机会局 (Office of Economic Opportunity)，负责法案授权的 10 个计划的具体运行，其中最大的反贫困计划是根据奥赫林的机会理论和社会竞争理论[2]制定的“社区行动计划”(Community Action Program)。这个计划包括孕期胎儿照顾、智力启动、家庭援助、工作培训、老年人服务，几乎涉及整个人的一生。按照约翰逊的构想，通过提高个人创造机会和利用机会的能力，解决贫困人口的失业问题；通过鼓励社区居民最大化参与，提高贫困人口的社会地位，最终实现脱贫。“社区行动计划”可以说是对约翰逊关于脱贫策略的具体实践。然而，计划的开展并不如预期顺利。各部门在计划管理权上的争斗激烈，造成管理上的混乱，腐败现象滋生，社区的实际需要被忽视。行动计划还遇到了来自地方的阻力。地方政府抱怨联邦政府的配套资金不足，而且“最大化参与”造成穷人代表对地方事务的过度干预，给地方政府的管理带来困难。1967 年，经济机会法修正案通过，加强了对“社区行动计划”的管理，限制了穷人的“最大化参与”。

此外，经济机会局的影响力也在逐渐减弱。经济机会局在工作中将

---

1 *The Annual Report of the Council of the Economic Advisers*, 1964, 77.

2 这一理论以哥伦比亚大学洛伊德 · 奥赫林教授为代表。奥赫林在《青少年犯罪与机会》一书中指出，许多青少年犯罪行为的发生是对机会阻塞的一种理性回应，许多有志青年往往因为在人生的紧要关头被拒之于机会的大门之外，从而走上犯罪道路。因此，对这部分人应该尽可能提供教育、培训和就业机会，给他们以合法的手段获得财富的机会。同时，在社区引入竞争机制，积极鼓励穷人参与社区管理，争取话语权。

更多的时间和精力集中在追求计划实施的速度和结果上，希望从国会获得更多资金，反而忽视了计划实施的效果，最后并没有达到计划的目的。随着向贫困宣战计划越来越复杂，资源越来越分散，经济机会局在各部门之间的协调上困难重重，难以为继。再加上民权运动的失控使国内的法律和秩序受到越来越多的威胁，民众对反贫困计划的抱怨与日俱增。反贫困计划效果不彰，保守派开始要求政府放弃或重组计划。虽然约翰逊适时做了调整，但1966年之后，经济机会局在反贫困计划中已经步履维艰。

向贫困开战并没有达到预期的目的。事实上，从约翰逊狂热的改革措施中就可以窥探到其失败的阴影。“伟大社会”计划有近500项，几乎为每个人都提供了一点东西：老年人的医疗保险、年轻人的教育援助、商业公司的税收退款、劳工的最低工资、农场主的补贴、非熟练工人的技能培训、为饥饿者提供食品、为无家可归者提供住房、为残疾人提供就业机会和生活保障、为失业者提供高额补助、为司机配置安全带、为退休工人提供津贴、为消费者权益保护、为大众美化环境、保护自然等等，几乎人们能想到的和想不到的都包含在内了。在取得立法成就最大的1965和1966年，他提交国会的87条和113条提案中，分别通过了84条和97条，立法通过的速度自新政以来无出其右。约翰逊对反贫困计划“大而全”的追求势必造成计划设计不周，实施顾此失彼的情况，但急于求成的心理让约翰逊对这些潜在的问题视而不见，正如《约翰逊传》的作者多丽丝·古德温(Doris Goodwin)所说，约翰逊想的是“先通过这个法案，然后再考虑它的影响和实施吧”。[1]

“伟大社会”是约翰逊对广大民众的伟大承诺。他承诺要消除贫困。他承诺要建立一个每个人都能分享进步和分担责任的国家，在这个国家，每个人都有过体面生活的权利，都有均等的机会。他承诺帮助黑人

---

1 〔美〕马文·奥拉斯基著，美国政要热读编委会译：《美国同情心的悲剧》，北京出版社2004年版，第175页。

获得“事实上的平等和结果的平等”，“通过有重要意义的经济活动来改善黑人的社会经济条件。”[1] 他承诺在不牺牲中产阶级利益的情况下进行“伟大社会”的改革，希望在经济增长带来的“红利”保障下推行“大炮加黄油”的政策。他的承诺激起了人们的期待，但理想和现实的差距很快就显现出来，当人们意识到约翰逊只是在给他们“织梦”时，失望夹杂着愤怒席卷而来。

1965 年瓦茨爆发骚乱，黑人运动从非暴力的群众运动走向城市造反的高潮。瓦茨事件之后，“伟大社会”建立物质繁荣和种族和谐的理想顿时灰飞烟灭。“20 年的亲善和友好在三个晚上的熊熊大火和流血事件中化为乌有。”[2] 1966 年的盖洛普民意调查表明，52% 的白人认为约翰逊在民权方面“走得太快”，“做得太多”。[3] 1967 年，民权运动的战斗性进一步加强。这一年，全美有 128 个城市发生大规模骚乱，在骚乱最严重的纽瓦克和底特律，联邦政府甚至动用了军队来恢复秩序。秩序虽然恢复了，但“黑白”之间的裂痕却难以修复，民意调查显示，1964 年和 1965 年间中产阶级和工人阶级对低收入者的广泛同情在 1968 年已经逐渐消失了。[4]

与此同时，由于“伟大社会”计划项目繁多，资金投入巨大，造成了严重的财政负担。1965 年，美国社会福利开支约为 300 亿美元，远远高于 1946 年的 28 亿美元，占到财政预算的 25%。[5]“伟大社会”实现的手段是通过国家税收和财政政策的调剂进行收入再分配，以达到最大限度缩小贫富差距的目的，它潜在的假设是经济持续增长，政府干预继续

---

1 Lyndon Johnson, “Howard University Address,” June 1965.

2 Theodore H. White, *The Making of the President 1968* (New York: Atheneum Publishers, 1969), 33.

3 James L. Sundquist, *Politics and Policy: the Eisenhower, Kennedy and Johnson Years* (Washington D.C.: the Brookings Institution, 1969), 499.

4 Bruce S. Jansson, *The Reluctant Welfare State: American Social Welfare Policies* (Belmont, CA.: Thomson Books/Cole, 2000), 255.

5 〔美〕赫伯特 · 斯坦著，金清等译：《美国总统经济史——从罗斯福到克林顿》，吉林人民出版社 1997 年版，第 90 页。

加强，这样既可以确保对贫困者的慷慨给予，也不会导致富裕者的不满和体制的不安全。但在“伟大社会”计划的后期，这两个前提都遭遇了困境。一方面，由于长期奉行凯恩斯主义造成的巨额财政赤字和过度的信用扩张，通货膨胀飞速发展，经济增长受阻，以至于社会保障支出的增长速度超过了经济的增长速度。1968 年的民意调查显示，包括通货膨胀在内的经济问题已经取代社会问题成为民众关心的头等大事。另一方面，国会保守势力增强，牵制了“伟大社会”计划的具体实施；更为重要的是，约翰逊因为越南战争声誉受损，失去了民众的支持，直接导致他退出 1968 年的总统选举，“伟大社会”改革计划随之终结。

“伟大社会”计划是一场反贫困的战争，它意在通过培养低收入者或失业人口的工作伦理和工作能力，实现充分就业，把“食税者”变成“纳税者”，最终达到消灭贫困的目的。用约翰逊的话说就是“我们不愿意看到救济名单和福利名单无休止地增长”。[1] 但事与愿违，无论是 1962 年的“公共福利修正案”(Public Welfare Amendments) 还是 1964 年的“经济机会法案”(Economic Opportunity Act) 都没能实现这个目标。从 1960 年到 1970 年，接受救济的人口几乎翻了一番，从 600 万人上升到 1,200 万，而同期的福利支出也由 31 亿增加到 60 亿。与之相对照的是，50 年代新增的救济人口仅为 80 万。在 60 年代新增的 600 万救济人口中，有 500 万出自抚养未成年儿童家庭援助项目 (AFDC)。

促成接受援助家庭数量大幅上升的原因是多方面的，但最重要的原因不外乎以下几种：比较可观的救济收益，单身母亲人数的急剧增加，立法放宽了的资格限制，以及受益人受到较少的个人耻辱性审查与窥探等。1961 年，国会同意各州将资助范围从贫困家庭的未成年儿童扩大到该未成年儿童及其失业的母亲（或父亲）(AFDC-UP)，第二年，该项目扩展到有未成年儿童的贫困双亲家庭（其中一方必须丧失工作能力或失

1 〔美〕马文·奥拉斯基著，美国政要热读编委会译：《美国同情心的悲剧》，北京出版社 2004 年版，第 174 页。

业），到1968年，为了鼓励保持家庭的完整，联邦最高法院再次扩展了该项目的范围，取消了所谓“家中男人”(man-in-the-house) 的规定[1]。一年后，居住性限制[2]也被取消。

除了立法方面的改革，各权益组织和社会工作者大力宣传获得救助的方式，以及获得救助的好处，例如未成年儿童家庭援助项目的受助者有权获得医疗救助、食品券、日托等福利，并帮助合乎要求的家庭申请资助，也促进了申请者的迅速增加。

约翰逊原本希望通过他的反贫困战争实现贫困人士的自强自立，结果却反而进一步扩大了国家救助的深度与广度，增加了他们对救助的依赖性，损害了部分贫困人口的工作伦理。由于多年来关于国家福利思想的传播，以及对人人平等和社会公正的过分强调，部分人开始接受福利是权利的思想，不再认为申请社会救助有损身份和人格，受助时的耻辱感减弱，随之而来的是工作荣誉感的降低。这些都是约翰逊始料未及的。

60年代，人们对未成年儿童家庭援助项目的反感与日俱增。这一方面是由于财政支出巨大，但效果不彰，申请人数不断上升，似乎穷人越救越多，另一方面是对妇女工作态度的转变。1935年《社会保障法》出台，作为未成年儿童家庭援助项目前身的未成年儿童援助 (ADC) 以法律的形式确立下来，这既是希望未成年儿童能够在母亲的照顾下长大成人，也是因为“男主外、女主内”仍是当时的主流思想，这一传统延续到50年代。进入60年代后，随着女权运动的高涨，女性要求独立的呼声越来越高，来自于各个阶层的女性纷纷进入职场。在这种社会背景下，保守派认为过度救济会催生单身母亲的懒惰和依赖心理，开始要求

---

1 该规定要求，如果符合救济条件的贫困家庭有身体健康的男士同住，无论该男士是否已婚或是否参与扶养未成年儿童，只要他与该未成年儿童的母亲保持同居或交往关系，该男士便被视为未成年儿童的继父，此贫困家庭自动丧失申请AFDC救助的权利。为了防止作假，福利部门“夜间突袭”的现象十分普遍，此做法在1967年3月之后被取消。

2 即以临时性居住为目的、有未成年儿童的贫困家庭不可申请所在州的AFDC救助，以此限制获得救助的人的数量和范围。

她们以工作换福利。迫于在国会占据优势的保守势力的压力，以及自身对直接救济的不满，1967 年，约翰逊签署了第一个工作福利项目，该项目要求所有的受助人参加工作或培训。然而，根据州和地方福利官员的报告，60%-65% 的成年领取者因为要照看 6 岁以下的孩子而不能参加工作或培训，那些参加了该项目的人，其年收入增加不到 1,000 美元。[1] 由此可见，此项目收效甚微。

约翰逊向保守派的妥协激起了自由派的反弹，在他们的坚持下，该项目规定，凡参加工作但收入较低者均可得到政府的福利补贴，直到达到标准额度。此举无疑又进一步刺激了福利名单的增长。1968 年，约翰逊决定通过增加税收来填补越南战争带来的巨额费用，为了获得国会保守派的支持，他许诺大幅减少福利开支。此举彻底激怒了自由派，约翰逊与自由派的蜜月期结束，自由派内部出现裂痕。

约翰逊在其近 5 年的总统生涯中经历了两场战争，在国外，他深陷越南战争的泥潭不可自拔，在国内，他与贫困的斗争也宣告失败。四年前他当选总统的时候，民众对他充满期待，四年后他则成了骗子，独裁者和阴谋家。盖洛普民意调查显示，约翰逊在 1963 年的支持率为 80%，此后每年降低 10%，到 1968 年 3 月，支持率降至 26%，几乎是战后美国政治史上的最低点。越南战争和城市的骚乱冲击了约翰逊政府的政治哲学和社会政策，破坏了政府的道德权威，流失了“伟大社会”的改革资源，约翰逊在一片责难声中退出了总统选举，一些改革计划也随之被停止或取消。

“伟大社会”的设计是基于“未经试验的理论”，它过度夸张了政府机构和个人的能力，过于相信经济扩张能够带来的“红利”，不切实际的承诺使改革走进了理想主义的误区，成为“道德的高烧”。“伟大社会”的时期也是美国人同情心最泛滥、理想主义最膨胀的时期。改革的

---

1 Michael Katz, *In the Shadow of the Poor House: A Social History of Welfare in America* (New York: Basic Books, 1986), 211.

失败给美国自由主义观念带来前所未有的冲击，人们开始质疑国家福利的扩张和政府治理贫困的能力，正如詹姆斯·帕特森所说："约翰逊的'伟大社会'前所未有地激起了人们对社会科学和联邦政府在社会改良方面的能力的怀疑。"[1] 1968 年，"沉默的大多数"选择了尼克松，美国自由主义和保守主义开始了新一轮的交替。新任加利福尼亚州州长罗纳德·里根在 1967 年的就职演说中为这次交替做了很好的注解："我们不准备用支票来代替永久的施舍，否则贫穷将与我们永存。"[2] 至于失去了"心爱的女人"——"伟大社会"——的约翰逊，托克维尔的话或许可以作为临别赠言："民主党人更加适宜于在快速中完成大量的任务，而不是在事后为他们的成就竖起纪念碑，他们更加关心的是成功，而不是声誉。"[3]

第三节　重提工作伦理：保守主义的回归

1968 年尼克松在总统选举中的胜利是多重因素共同作用的结果。这些因素包括人们对约翰逊在越南战争中的政策的不满，对"伟大社会"希望的幻灭，以及民主党内部的分裂，但更重要的原因是"民心思变"，整个社会的氛围开始转向保守。从罗斯福新政算起，美国经历了近四十年此起彼伏的政治运动，人们对新政式的社会变革和政府干预社会经济的行为已经心生厌倦。从理想主义激情中冷静下来的"街头战士"们又回归现实。一个新的时代来临。

---

1 Walter I. Trattner, *From Poor Law to Welfare State: A History of Social Welfare in America* (3rd edition) (New York: the Free Press, 1984), 303.

2 Walter I. Trattner, *From Poor Law to Welfare State: A History of Social Welfare in America* (3rd edition), 307.

3 Alexis De Toqueville, *Democracy in America* (New York: New American Library, 1956), 220.

60年代末期，越来越多的美国人开始反思过去十年的社会动荡，对将精力集中在少数民族和穷人身上是否就可以实现社会平等和解决贫困问题提出了质疑。他们认为，在这个"幻想破灭、愤怒和恐惧的年代"，[1]反主流运动冲击了美国传统价值观念，勤劳节俭、自力更生的美国精神遭受重创。由于新政自由主义重福利甚于工作，人们把"依赖福利、吸毒、犯罪、堕落视为合理"。[2]美国政府在以牺牲勤劳的中产阶级的利益为代价，投入数百亿美元与贫困"作战"之后，却发现贫穷依旧岿然不动，混乱的福利状况并未得到多少改善。

尼克松看到了主流社会观念的变化，并不失时机地对新政自由主义改革和约翰逊"伟大社会"计划的弊端提出批评，把它们描绘成导致美国经济衰退的罪魁祸首，只不过养肥了一群官僚和社会工作者。他对福利制度的批评主要围绕三个方面：反工作、反社会、反家庭。他认为，现行的福利制度培养了依赖心理，助长了懒人心态，损伤了穷人的工作积极性，造成了价值观的混乱和暴力革命，导致家庭的破裂。在1970年的国情咨文中，他指出："现在美国需要的不是更多的福利，而是更多的工作福利。"[3]由此提出了全面改革福利制度的计划。

按照尼克松的构想，福利制度的改革将从三个方面入手。第一，提供就业机会和职业培训，增加收入；第二，限制联邦政府对国家经济事务的干预，要求联邦政府"还政于州"，"还政于民"，即实行所谓的"新联邦主义"；第三，引入市场机制，促进私人和社区福利事业的发展。他认为通过以上三种方式，联邦政府在社会福利方面的管理职能将被缩小，同时减少福利支出。但在具体实施过程中，尼克松的政策却表现出极大的矛盾性。他一方面大幅削减"伟大社会"计划中的具体项目，另

1 〔美〕阿瑟·林克，威廉·卡顿著，刘绪贻等译：《1900年以来的美国史》（中册），中国社会科学出版社1983年版，第345页。

2 Gillian Peele, *Revival and Reaction: The Right in Contemporary America* (Oxford: Clarendon Press, 1984), 41.

3 吴必康编：《英美现代社会调控机制——历史实践的若干研究》，人民出版社2002年版，第208页。

一方面又进一步扩大社会保障的范围，社会福利支出持续上涨。

1972 年尼克松连任后，再次表示要大幅削减社会福利费用，并且承诺不会把因越南战争结束而省下的费用用于社会福利，他还告诫人们不要对此抱有奢望。但是事与愿违，随着国内经济形势的不断恶化，美国饱受"滞涨"之苦，在以紧缩性财政政策和货币政策为核心的"姑且一试"计划失败后，尼克松重新走上凯恩斯主义的老路，扩大财政赤字，社会福利支出也随之大幅上扬。具有讽刺意味的是，尽管尼克松指责其前任对于穷人过于迁就，批评"伟大社会"计划"过于烧钱"(big spenders)，但是他改革的结果却是造就了一个规模更大的福利享受阶层。对此，经济学家萨尔 · 利维坦 (Sar A. Levitan) 评论道："现代福利体系最大的一次扩张是在号称保守的尼克松任内完成的，其规模和范围令约翰逊的'伟大社会'都相形见绌。"[1]

面对不断膨胀的福利开支，要求福利改革的呼声越来越高。报刊杂志不断发表文章就福利问题展开讨论，内容大都是指责政府福利机关的失职，批评那些游手好闲靠"骗取"救济金生活的人，以及他们给国家造成的巨大经济负担。《时代周刊》在 1975 年发文称："美国人确实应该给那些被迫失业的人，残疾人，无父儿童，没有依靠的老人提供经济上的帮助，但实际上人们感觉到，福利已经成为一大祸害。它养活了一群不需要帮助的人，滋生了令人难以置信的官僚主义和工作低效，令整个国家陷入了思想上的矛盾，到底该给谁钱，给多少钱。"[2] 在 1976 年的一次民意测验中，74% 的受访者认为，获得福利的标准还不够严格。[3]

作为对民意的回应，卡特（Jimmy Carter）在 1977 年提出了"更好的工作和收入计划"(Better Jobs and Income Program)。这套计划将彻底废除现存的由一系列补救性收益构成的社会福利制度，包括未成年儿

1 Sar A. Levitan & Clifford Johnson, Beyond the Safety Net: *Reviving the Promise of Opportunity in America* (Cambridge, Mass.: Ballinger, 1984), 2.

2 "Welfare: Billions to Pay, and a Spreading Revolt," *Time* 1 September 1975, 7.

3 Martin Gilens, *Why Americans Hate Welfare: Race, Media, and the Politics of Antipoverty Policy* (Chicago: the University of Chicago Press, 1999), 63.

童家庭援助、补充保障制度 (Supplementary Security Income) 和食品券计划，取而代之的是一套全新的、以工作福利为核心的三层保障体系。根据这项计划，所有的穷人将被划分为三类：身体健康但无业者，由于残疾或有孩子需要照顾而不能工作者，以及有工作但收入较低者，然后由低到高分别给予不同数额的补助。虽然卡特的改革方案颇具吸引力，但由于他在内政和外交上的软弱无力，美国民众对其领导能力表示怀疑，信任程度也随之降低，法案未能顺利通过。尽管卡特的福利改革没有实质性效果，但他工作福利的理念为里根的福利改革提供了思路。

从尼克松到卡特的十年是美国从新政自由主义向保守主义过渡的时期。在这一阶段，美国在外交事务上屡受挫折，国际地位下降，国内经济始终不见起色，高失业率、高通货膨胀和高税收使得中产阶级家庭的生活水平普遍下降，导致中产阶级也不满意曾经有利于己的国家干预政策，开始把政府视为最大的威胁。在文化上，保守主义情绪弥漫，要求恢复遭到冲击的传统价值和社会秩序。70 年代后期的抗税运动标志着美国民众的心态回归保守，美国政治右转的迹象越来越明显。盖洛普民意调查显示，1968 年只有 31% 的美国人持保守观念，1976 年上升到 51%，里根当选总统的 1980 年则达到 60%。[1] 在思想上，保守派理论家重新活跃起来，并且在抽象的理论研究的基础上，加强对公共政策的评论。1962 年，经济学家米尔顿 · 弗莱德曼 (Milton Friedman) 的《资本主义与自由》出版，他在书中对包括政府干预、福利改革和公共住房在内的一些自由主义政策提出了批评。1964 年，经济学家马丁 · 安德森 (Martin Anderson) 在《联邦推土机》中对联邦政府的城市更新计划进行分析后指出，与由政府开发的城市建设的房产项目相比，私人房产市场效率更高，更能满足消费者的需要。到了 60 年代末期，保守派已经建立了以美国企业研究所和传统基金会为首的智囊团，发行了宣传保守派思想的《国家评论》、《公共利益》等刊物。

1 牛文光：《美国社会保障制度的发展》，中国劳动社会保障出版社 2004 年版，第 171 页。

在这一时期，美国的福利制度遭遇到前所未有的抵触。经济的衰退挤压了普通民众的生存空间，人们对福利国家的乐观情绪逐渐消失，福利制度中暴露出的问题开始受到关注。

首先，现行福利制度引起了道德和社会危机。他们认为，现行的福利制度维护并鼓励贫困、懒惰、欺骗、犯罪、未婚生子和家庭破裂，使这些弊端成为一种生活方式。就工作而言，在福利项目相对完善的卡特政府时期，单身母亲可以同时享受未成年儿童家庭援助、食品券、医疗救助和公共房屋等福利，完全不必为生计发愁。对这些人来说，选择领取救济而不是工作，乃是出于经济上的一种理性选择。特别是在一些经济条件较好，福利较高的城市，救济金还有可能超过最低工资的限额。而且根据贫困文化的理论，这种"反工作"的态度还会呈现代际遗传的特征，毕竟"当一个孩子看到他们的家长不用工作就可领取一张福利支票时，他就不能理解在这个社会里，至少有一个家长需要一大早起床，每星期工作五天。其结果是，依赖福利长大的孩子比不依赖者在其成年时期所得的收入要低。"[1]

其次，现行的福利制度还存在着行政低效和结构不合理的问题。行政低效是福利体系官僚化的必然结果，结构不合理则是由于福利制度在其发展过程中受到各方势力的制约。莫奈尔认为，美国福利制度的主要问题不在于其膨胀速度，而在于其机制的双重目标：一是防止贫困，保障生活，二是社会适度的公正。[2]第一点依靠现行的福利制度非常容易得到满足，正如利维坦在1977年所说："如果贫穷被解释为缺乏基本需求的话，那么这个问题几乎已经被消除了。"[3]问题出在"适度公正"上，因为没有一个固定的标准可以确定什么样的公正是"适度的"。含混的表述势必引发各方的争执，平衡意见的结果是各方都不甚满意。

---

1 Carl P. Chelf, *Controversial Issues in Social Welfare Policy* (Thousand Oaks, CA.: Sage Publications, 1992), 93.

2 A. H. Munnell, *The Future of Social Security* (New York: Dover Publication, 1977), 6.

3 〔美〕马文·奥拉斯基，美国政要热读编委会译：《美国同情心的悲剧》，北京出版社2004年版，第186页。

最后，福利支出过于庞大，缺乏理性的增长。从60年代开始，美国历任总统在经济上都奉行凯恩斯主义，以扩大财政赤字为己任，直接导致了社会福利支出迅速增加。1960年，联邦政府的社会福利支出为670亿，1970年这一数字为1,580亿，到了1980年，则进一步上升到3,140亿（以1980年美元计算）。巨额的花费使得联邦政府要么“寅吃卯粮”，要么提高税收或开征新税。在经济萧条，生活水准下滑的情况下，这无疑会引起普通民众的反弹情绪。

1980年，里根以一句“和四年前相比，你们的日子得到改善了吗？”击败卡特，顺利问鼎总统宝座，同时共和党在国会的换届选举中控制了参议院多数席位，这标志着保守派取得了新政改革以来的首次彻底胜利。演员出身的里根可以说是美国传统美德的化身，他凭借勤奋工作的态度，坚持不懈的努力，以及勇于冒险的精神，实现了阶级流动，成功获得了卡特所无法实现的社会各界对其的信任。

里根对社会福利问题的态度和观点十分明确。他仇恨大政府，推崇自由企业制度和自由贸易，认为政府的第一职能就是保护人民，而不是去管理他们的生活。他早就表示了对福利政府的不满，坚信救济群体必然因宽容的福利政策而不断扩大，只有让失业者到劳动力市场的大潮里经受锻炼，才能提高他们的自我生存能力，从而提高整个民族的生存能力。一味地主动救济只能使他们失去奋斗的动力和勇气，同时拖累整个国家的经济。他承认美国遭遇了困境，但那些需要帮助的人应该从私人慈善团体或者亲朋好友那里寻求支持，而不是理所当然地依靠政府，因为“在目前的危急中，政府不能解决问题，政府本身就是问题，”现在，“是让政府回到它原来意义上的时候了，是减轻我们惩罚性的税务负担的时候了。”[1]

里根上台伊始，就开始向日益恶化的国内经济“宣战”。他提出了以税收改革为核心的“经济复兴计划”，其主要内容是大幅削减联邦税

---

1 Ronald Reagan, “The First Inauguration Speech,” 20 January 1981.

率。在他看来，过高的税率是问题的根源所在，政府抽走的税越多，人们的工作激情便越少。他说："我在华纳兄弟影片公司的鼎盛时期属于交 94% 税的阶层；这意味着在超过某一个基数后，我只能拿到我所挣的每一美元中的 6 美分，剩下的都归了政府。……这个制度有点不对劲：当你不得不把这样高的比例作为所得税放弃时，工作的激情便没有了。"[1] 但从另一方面看，税率降得越低，人们可支配的收入就越多，他们就会变得更加勤奋，更加努力地工作，挣的钱也就越多，从而刺激国家经济的运转，政府的收入也随之增加。在他看来，降低税率与促进就业，以及培养人们的工作伦理之间有着某种必然的联系，这种认知为里根进行福利制度的改革打下了思想上的基础。

经过近十年的过渡与准备，美国在这一时期就福利问题的讨论达成了共识，即享受福利的人应当去工作。其实，这种观点与约翰逊的"向贫困宣战"是一致的，即让那些能够工作的人去工作。不同之处在于，约翰逊尽量避免将反贫困与福利联系在一起，以维护福利受益人的自尊，而现在人们要求建立一种福利机制，以工作福利制取代原先的福利制度。科罗拉多州参议员威廉 · 阿姆斯特朗 (William Armstrong) 指出了其中的原因："工作有益人类心智；福利受益人参加工作对美国的纳税者而言显示出公平性，因为如果福利受益人依赖纳税者而又无需付出任何代价的话，那么这势必会激怒那些辛勤工作、按时缴税的工薪阶层。"劳伦斯·M·米德 (Lawrence M. Mead)，理查德·R·纳尔逊 (Richard R. Nelson)，以及丹尼尔 · 莫尼汉 (Daniel Moynihan) 等知名政策分析家都持有类似观点。例如，米德认为，"如果政府给予福利受益人福利却不要求他们工作，这必定导致福利依赖的产生。"纳尔逊强调福利"是一种双重义务，它既包括政府提供福利给人民的义务，也包括享受福利的人应当参加工作以回报社会的义务"。而莫尼汉则认为过去那种无条

---

1 〔美〕罗纳德 · 里根著，本书翻译组译：《里根自传》，东方出版社 1991 年版，第 206 页。

件的福利需要向雇佣转变。[1]在当时美国福利制度改革的发展思路中，大多改革的建议都与重塑福利受益人的工作伦理有关。

1985年《洛杉矶时报》的一次民意调查的结果也得出了相同的结论。此次调查的主要内容是就穷人与非穷人两个人群对福利与贫困的态度问题作一个比较。调查结果显示，双方在两个问题上的意见比较一致，一是他们都认为穷人应该自食其力，而不是靠救济生活，二是政府、个人和家庭、以及教会和私人组织应该在救助穷人方面承担相对平均的责任。但在与穷人的境况和福利的影响有关的问题上，双方的意见分歧较大。非穷人更倾向于认为，只要愿意工作，就能找到工作（双方的比例差为26%），而且他们相信给穷人提供工作培训是解决贫困的最佳途径（双方的比例差为19%）。在对穷人未来前景的预测上，非穷人一方的态度较为悲观：大约80%的人认为大多数穷人仍将贫穷，而正是福利造就和鼓励了这些人的依赖性。因此，在如何摆脱贫困的问题上，72%的非穷人主张从贫穷的根源入手，解决贫穷产生的原因，而45%的穷人则希望直接获得现金资助。[2]从以上数据可以看出，占社会人口大多数的非贫困人群对直接的福利救济持否定的态度，他们更希望穷人能够通过工作的方式获得经济上的独立。

1981年，在社会舆情和现实需要的共同推动下，里根签署了综合预算和调节法案，开始了对福利制度的改革。里根认为，以往的就业与培训计划虽号称“工作刺激”，但实际上是“刺激依附”，因此，此次改革的一个重要方面就是用工作代替福利，即强制受救济的穷人参加工作或就业培训，同时减少或取消现有的福利项目，削减财政支出。综合预算和调节法案授权各州开展符合本州特点的就业计划，以取代60年代实行的工作刺激示范计划。该法案规定，有劳动能力的受助者必须参

1 Michael B. Katz, *In the Shadow of the Poorhouse: A Social History of Welfare in America* (New York: Basic Books, 1986), 62.

2 Martin Gilens, *Why Americans Hate Welfare: Race, Media, and the Politics of Antipoverty Policy* (Chicago: the University of Chicago Press, 1999), 56.

加各项就业服务计划，有违规定者将面临削减福利金的处罚。这种“大棒”式的强制要求从根本上有别于以往以自愿和鼓励为主的就业和培训方式。为了降低受助者对福利的依赖性，减少福利支出，此法案还削减了包括儿童日托、医疗救助、住房补助在内的诸多福利项目的预算，取消了未成年儿童援助计划的“30 美元 +1/3 月收入 + 工作相关费用”免税的优惠政策。此外，在计算受助人的劳动收入时实行了更为严格的规定，不仅将受助者的一切收入计算在内，而且继父母的收入也计算在内，三年后，与儿童生活在一起的兄弟姐妹的收入也被纳入计算范围，一旦家庭或个人的收入条件超出了资格封顶，就失去了受助资格。

在强制工作的基础上，各州还陆续开展了社区工作经验计划，进行工作福利实验，以便为今后的立法提供经验。社区工作经验计划指的是包括就业培训、就业服务、工作拓展、工作俱乐部以及无偿安排工作在内的工作福利计划。为了向各州推广工作福利的经验，美国卫生和福利部选中了计划开展较好的纽约、北卡罗来纳、俄亥俄以及密歇根四个州作为试点，进行三年以上的工作福利实验，其他的州将陆续跟进。几年后，已经有半数以上的州参加了此次实验。其中，纽约市工作实验计划是全国最大的工作福利计划，它要求每月超过 3 万名受助者（约占市福利人口的 10%）穿上指定的制服去清洁公园、办公室等公共场所，或者接听电话。华盛顿、密西西比和密歇根则制定了名为“工作第一”的工作福利计划，通过各种规定强制受助者参加工作。威斯康星的计划最为严厉，它要求几乎所有的受助者参加不同形式的工作，否则就减少或取消福利支票。借助强硬的措施，该州成功减少了 80% 的福利人口。密歇根还另辟蹊径，首创“牌照处罚”的措施，例如，如果父亲拒绝支付子女的抚养费，他的驾照或其他执照将被吊销。此外，其他各州也都根据各自不同的情况制定了形式各异的工作福利计划。

经过几年的实验，各州在工作福利方面都取得了一定的成果，为以后的立法工作提供了可资借鉴的经验和教训。1988 年的家庭支持法案 (Family Support Act) 就是在参照实验结果的基础上制定出来的。各州在具体执行该法令的过程中，采用的也都是工作福利实验中产生的各种资源和工作计划。这也奠定了工作福利在美国福利政策中的重要地位。

1984 年，里根的第二个任期开始，他在就职演说中重申了福利改革的精神，表示今后将继续加强“信仰、家庭、工作及睦邻关系”的美国传统价值观。两年后，里根在 2 月 4 日的国情咨文中再次批评了现行福利制度造成的财政浪费和救助依赖，要求白宫内政委员会在 12 月 1 日前提交一份计划，以解决贫苦家庭的经济、教育、社会和安全问题。他说：“我说的是真正的、持久的解放，因为福利制度成功与否的标准是有多少人最终脱离了福利。”同年 7 月，在众议院民主党党团会议中，社会政策工作组发表了题为《走向自立的道路：增强美国贫困家庭的力量》的报告。该报告提出两点建议：进一步帮助有工作的穷人，以及向救济依赖者提供必要的工作和职业培训，使其成为劳动力的一部分。该报告的建议立即得到了两党的支持，新一轮的福利改革开始。

1988 年，家庭支持法案签署生效，成为里根福利改革的重要成果。此次改革依然秉承了里根政府工作福利的思想，强制有劳动能力的受助人必须参加工作培训，为就业做好准备。为此，各州必须设立工作机会和基本技能培训计划 (Job Opportunity and Basic Skills Training Program, JOBS)，向受助者提供教育活动、技能培训和就业机会，减少受助者对福利的长期依赖，最终实现自立。该法案规定，各州在 1990 年 10 月以前必须至少开展一项计划，在 1992 年 10 月以前必须向全州推广。此外，该法案还对未成年儿童和失业父母家庭援助项目 (AFDC-UP) 进行了修正。考虑到未成年儿童家庭援助项目 (AFDC) 有可能造成家庭破裂，要求所有的州必须在 1990 年 10 月之前加入 AFDC-UP 计划，向有失业男士的家庭同样提供救助。作为回报，每个有 3 岁以上儿童的单亲家庭和双亲家庭中的一人必须参加工作或培训计划，少数特殊情况例外。

相较于 1967 年的工作刺激示范计划和 1981 年的综合预算和协调法案，1988 年的家庭支持法案不仅以法律的形式确立了工作福利的基本思路，而且更强调权利和义务的关系，突出了相互责任的福利理念，即政府有责任向低收入人群提供福利金、相关的技能培训以及所需的服务和优惠措施，帮助他们实现基本的生活需要，同时，受助人群也需承担相应的劳动义务以实现经济上的独立。这种契约式的救助理念也为社会工作者提供了新的工作思路，他们通过与受助者签约的方式来强化这种权利和义务的关系，对拒绝签约的人将取消其福利资格，相反，愿意参加工作或技能培训的人将优先得到机会。

总的来说，里根政府时期实行的是一种惩罚性的福利改革措施，它几乎削减了所有的公共援助项目，包括对老人、遗属、残疾人的社会福利计划，未成年儿童家庭援助计划，食品券计划，学校免费午餐等，使得享受社会福利的人数和福利金的数额都大大减少，贫困人口的数量呈明显上升的趋势。与之对应的是，通过一系列经济政策的调整，社会财富逐步向中产阶级和上层阶级集中，造成富人越富、穷人越穷的局面，有人称之为“劫贫济富”，批评里根“狠毒心肠”。但应当肯定的是，通过福利改革，联邦政府福利支出的高增长率态势得到遏制，仅从1980年到1984年的四年间，增长率就从15%降为5.1%，极大地缓解了政府的财政压力。更重要的是，以强化工作伦理、提高工作能力和自救能力、强化社会保险为特征的美国现代社会福利制度的基本轮廓已经成型，经过80年代末布什的强化与巩固，90年代初克林顿的改革和完善，以市场化取向为核心的美国社会福利体系日益完备起来。因此，里根在80年代的福利改革被视为美国福利保障体系的“分水岭”。[1]

1989年1月11日，里根在国会发表告别演说，彻底告别美国政坛。副总统布什就职新任总统，成为里根“火炬”的传承者。在外交上，布什延续了里根时期的强硬作风，要求在全球保持军事存在。在国内经济上，他同样主张减税。这点他在1988年的总统竞选中反复提及：“看着

1 杨冠琼主编：《当代美国社会保障制度》，法律出版社2001年版，第67页。

我的嘴。没有新税收。”[1] 在福利措施上，布什坚持认为，政府提供的只能是有限福利，志愿部门和其他非盈利性部门也是社会福利的重要组成部分，他鼓励美国的志愿部门扩大福利服务的范围，并主张社会服务的私有化。

在 90 年代，以工作换福利仍是社会主流思想。这一点从 1990 年的一次民意调查中可以看出。当被问及是否应该对领取救济的资格进行严格审查时，大多数人都表达了对“不值得救助者”的不满。一位 86 岁的寡居老妇说：“我一直工作到 76 岁，但现在一些比我年轻力壮的人反而要靠食品券过活。”另一位 59 岁的中年人说得更加直接：“我不喜欢福利，因为一些根本不需要救济的人在领到优惠券后跑去换啤酒和威士忌。确实要严格审查。”90 年代中期的民意调查结果也进一步印证了人们对那些不值得救助者领取救济行为的反感。当受访者被问及大多数领救济的人是确实需要帮助，还是仅仅在利用福利偷懒时，2/3 的人选择了后者。同样，将近 2/3 的受访者认为，只要救济名单上的这些人努力，他们中的大多数人就不必依靠救济生活。[2] 包括《纽约时报》、《华尔街日报》在内的其他主流媒体的相关调查结果也都显示出美国民众对工作福利的强烈支持。[3]

因此，克林顿上台后，并没有对里根 - 布什时期的福利制度进行大刀阔斧的改革，而是继承了前任的基本思路，强调工作福利，强调政府与福利受助人之间的双向义务，把参加工作、积极寻求工作机会作为享受福利援助的重要资格和条件，迫使受助者逐步摆脱对福利的依赖。1996 年，克林顿签署了《个人责任与工作机会折衷法案》，开始了自 1935 年社会保障法案颁布以来规模最大的福利制度改革。此次改革的目标是：以工作代福利，还政于州，以及限制联邦福利的领取时限（最高

1 Bruce S. Jansson, *The Reluctant Welfare State: American Social Welfare Policies* (Belmont, CA.: Thomson Books/Cole, 2000), 328.

2 Bruce S. Jansson, *The Reluctant Welfare State: American Social Welfare Policies*, 62.

3 Bruce S. Jansson, *The Reluctant Welfare State: American Social Welfare Policies*, 186.

5年)。这三点目标得到了大多数民众的肯定。到目前为止，有一点是确定无疑的，即无论如何改革，“工作福利”观念将进一步超越传统的“救济福利”观念，成为改革的一个主要方向。

结 语

一

当代美国社会对工作伦理的讨论主要是围绕着福利国家展开的。总的来说，福利主要牵涉到以下三个问题。第一，是否应该向有需要的人提供帮助；第二，向人们提供帮助的同时是否应该要求适当的劳动回报；第三，如何控制政府在福利方面的财政投入。如今，福利国家已经获得美国社会的普遍赞同，争议只是在于国家介入福利保障体系的程度。政府可以通过福利进行一定的财富再分配，但又不能挫伤劳动者的工作积极性，因为经济增长是再分配的基础，经济不增长，福利也就难以维系了。

联邦政府介入公共福利始于20世纪30年代的大萧条时期。在此之前，济贫工作主要是私人慈善组织和地方政府的责任。当时社会中的传统工作伦理观念仍然根深蒂固，除非迫不得已，人们不愿意接受任何形式的慈善救济，因为这等于承认了自己道德上的缺陷和失败者的身份，严重伤害了他们的自尊心。这也是长期以来美国拒绝福利国家道路的重要原因。即便在大萧条时期，人们要求工作、羞于领救济的心态仍然非常普遍。罗斯福政府介入公共福利的初衷是为劳动力市场提供一个有效的补充，以保障在经济上处于不利地位的失业者、老人、未成年儿童和残疾人等的基本生活所需。在福利政策已经较为完备的当下，大多数美国人依旧坚持自力更生、勤劳致富的传统工作伦理，拒绝福利救济。他们显然有别于那些视福利为权利、心安理得地享受福利救济却尽可能逃避工作的人。

福利制度对工作伦理的影响主要产生于60年代的“伟大社会”，在随后的短短几十年中，美国迅速发展成一个较为成熟的福利国家。大规模的福利项目在帮助了一部分确有所需的人的同时，也被某些人利用，成为逃避工作的手段，客观上损害了传统工作伦理。首先，福利制度培养了人们的惰性，造成个人责任感的缺失和严重的依赖心理，挫伤了劳动者的工作积极性。从劳动者的角度来看，工作的有用性表现在劳动者的基本生活需求需要通过工作来满足，但是福利国家的持续保障打破了劳动者为了维持生活而工作的绝对性，降低了工作的激励效用，为不劳而获创造了客观条件。其次，福利制度还影响到自食其力者的心理。对于就业者来说，他们不仅要自食其力，而且还得与他人分享自己辛苦工作换来的劳动成果，而某些具备劳动能力的人什么都不做却可以心安理得地靠纳税人的钱生活，这显然有失公允。他们既然无法完全掌控自己的劳动成果，自然不会全身心地投入到劳动中去。最后，福利对工作伦理造成的损害还呈现出了代际传递的特征，即缺乏工作伦理的父母会给子女树立错误的榜样，影响他们的工作伦理观念。

传统工作伦理观念的颠覆一方面清除了人们接受福利的心理障碍，另一方面也直接影响到整个国家的生产积极性和生产能力。高福利是福利国家失业率居高不下的原因之一，大量的劳动力宁愿躺在福利名单上消耗社会财富，也不愿从事看上去比较卑贱的工作。创造财富的人在减少，而通过福利制度分享财富的人却在增加，这势必加重就业者的负担，从而造成劳动力成本不断上升，削弱投资者的投资热情，最终导致国民经济增长缓慢。而福利支出占国民总收入的比率不断提高也影响到政府在政治、经济和文化等其他方面的改善性投入。更重要的是，由于本国的劳动力成本过高，投资者纷纷选择出国投资，这又直接加剧了国内的失业状况。资金转移了，工人失业了，前者意味着创造财富的机会在减少，后者意味着更多的失业人员进入了社会福利体系，分割财富的人又增加了，由此形成了从失业到福利再到社会生产力降低的恶性循环。目前，为了扭转被动局面，美国政府采取了工作福利的手段，寄望于通过强迫劳动的方式重塑福利受益者的工作伦理，同时提高社会的劳动生产力。

二

造成美国社会工作伦理和价值观转变的原因是多方面的，其中最根本的原因是社会经济的飞速发展，以及由此而来的消费文化地位的提升和分配机制的变化。美国社会在很长一段时期内一直奉行生产中心论，消费相对于生产来说处于从属地位。主要原因有两个：物质的匮乏或短缺和维护传统宗教道德观的需要。在工业革命之前，由于生产力水平较低，人们物质生产活动的主要目的是为了满足自身的基本生存需求，只有有闲阶级才能进行最低限度生活需要以外的消费。在这一时期，受传统工作伦理的制约，占主导地位的消费价值观是禁欲主义和消费理性主义，任何超过基本生活所需的消费都是浪费和可耻的。

工业革命之后，随着工业化和机械化的高度发展，美国社会经济取得了前所未有的成就，创造出巨大的物质财富，也造成了生产过剩和工作性质的变化。前者为消费提供了物质基础，后两者则使人们对生产中心论和传统工作伦理产生了怀疑。生产过剩让人们意识到生产的同时必须刺激消费，机械化则抑制了工人的劳动热情，无法给他们带来精神上的满足，因此动摇了传统工作伦理的基础。如此一来，生产在劳动者心中的地位下降了，禁欲主义的基础被削弱，消费的地位得到了提升。社会大众逐步形成了新的消费理念：大众消费和高水平生活是经济体制的合法目的；消费无罪；消费是美好生活的一部分。生产中心论渐次让位于消费文化。正如美国著名社会学家丹尼尔·贝尔所说，二十世纪初的新文化运动和分期付款、信用消费等享乐主义观念彻底粉碎了“宗教冲动力”所代表的道德伦理基础，将社会从传统的清教徒式“先劳后享”

引向超支购买、及时行乐的靡费心理。[1]大众消费和享乐主义的盛行将中低层阶级从前视为奢侈品的东西不断地升级为生活必需品，以至于到头来人们很难接受自己居然无法受用某一种普通物品。

经济发展带来的贫富差距以及消费文化的盛行对社会物质财富分配机制产生了重要的影响。从历史上看，美国曾长期信奉有限政府的理念，尽可能避免政府对社会生活各方面的干预。就个人财产而言，政府的责任是“维护财产的现状——不论其平等与否，只要它来自个人的勤劳或其父辈劳动的结晶”，[2]也就是主要依靠市场进行社会财富的分配。工业化之后，社会物质财富剧增，各阶级间物质条件不平等的现象愈加严重，单纯地依靠市场已经解决不了财富分配不均的问题，于是人们转而求助于政府，希望政府能够出手对社会财富进行再分配，弥补市场的不足，保障社会的健康发展。福利国家就是建立在政府对社会财富再分配的平等原则的基础之上。

从20世纪中叶至今，福利国家在促进平等方面颇有作为，但需要注意的是，在美国这个消费主义盛行的社会，福利所促成的平等更多的是在需求和满足原则面前人人平等，在物与财富的使用价值面前人人平等。因此，法国社会学教授鲍德里亚认为，“‘福利革命’是资产阶级革命或简单地说是任何一场原则上主张人人平等，但未能（或未如愿）从根本上加以实现的革命的遗嘱继承者或执行者。因此，民主原则便由真实的平等如能力、责任、社会机遇、幸福（该术语的全部意义）的平等转变成了在物以及社会成就和幸福的其他明显标志面前的平等。这就是地位民主，电视、汽车和音响民主……”[3]也就是说，一些人更多的是通过是否享有某种物品来判断自身所处的地位，而较少考虑获得此物品的途径——是工作所得，还是福利所得。

---

1 〔美〕丹尼尔·贝尔著，赵一凡，蒲隆，任晓晋译：《资本主义文化矛盾》，生活·读书·新知三联书店出版社1989年版，第14页。

2 李剑鸣编：《美利坚合众国总统就职演说全集》，天津人民出版社1996年版，第30页。

3 〔法〕让·波德里亚著，刘成富，全志钢译：《消费社会》，南京大学出版社2001年版，第34页。

在现代社会，完全摆脱政府、单纯依靠市场来进行物质财富的分配是不现实的，但过分强调政府的作用又不利于社会的进步，如何妥善处理市场与政府在社会财富分配中的关系是一个棘手的问题。但正如钱满素所说，“政府不是万能的，市场也有可能失灵，但事实证明，人为的分配从来不能平息对于不公的抱怨和愤怒，相对而言，倒是市场确定的回报能够被更多的人所接受。”[1]

三

贫困文化对下层阶级[2]的工作伦理和价值观的形成起到了深刻的负面作用。贫困文化论认为，长期生活在贫困之中的人们形成了一整套特定的生活模式、行为准则和价值观念，它表现为一种自我维系的文化体系。贫困文化一旦形成，就呈现出一种生生不息、难以消灭的态势，它会影响到整个贫困区域的人，并代代相传。那些受贫困文化影响，长期生活在贫困之中的人们就形成了所谓的下层阶级。由于长期处于贫困之中，下层阶级往往会产生强烈的宿命感、无助感、依赖感和自卑感，总是表现出一种满不在乎、不愿合作、得过且过的态度。

90 年代初，以彼得 · 桑德斯 (Peter Saunders) 和查尔斯 · 默里 (Charles Murray) 为代表的社会思想家对下层阶级的特点进行了归纳，其中一个公认的重要特征是他们几乎不工作，完全依赖于国家福利。分析起来，他们不愿工作的原因主要有三个。第一，经济因素，即因经济结构变迁而导致的失业。第二，社会因素，即福利依赖是造成下层阶级

1 钱满素：《美国自由主义的历史变迁》，生活 · 读书 · 新知三联书店出版社 2006 年版，第 257 页。

2 “下层阶级”一词的界定比较模糊。它最早出现在 20 世纪 60 年代，作为一个经济术语来使用，指的是一个最底层的阶级，由失业、不能就业和待业的人组成。他们与国家分离，不能共享生活、抱负和成就，他们对生活越来越感到绝望。后来，“下层阶级”的含义被扩大，不仅指后工业社会的牺牲品，也指极端和持久的贫困。现在，“下层阶级”除了包含其经济学上的含义之外，还包括无家可归者、乞丐、小贩、福利受益者、未婚妈妈等等。（参见，杨立雄：“贫困理论范式的转向与美国福利制度改革，”《美国研究》，2006 年第 2 期，第 123—124 页。）

撤离劳动力市场的主要原因。第三，文化因素，它包括以下几个方面：首先，有些下层阶级受宿命论的影响，索性放弃工作；其次，有些下层阶级只愿意选择那些看起来有前途的工作，拒绝做脏乱差、没有希望的工作；最后，还有一些人虽然愿意工作，但又觉得自己没有工作的义务。研究者认为，福利制度最大的缺陷在于只注意民众的权利而忽视了义务，没有做到责权的统一，它提供的是一套完全扭曲的鼓励失败的刺激措施。改善这种情况的办法之一是必须要求穷人工作，通过工作来缓解贫穷。

强迫工作的建议也得到了民众的广泛支持。八、九十年代以来针对福利所做的一系列调查显示，越来越多的美国人相信，贫穷的主要原因是穷人没有做出足够的努力，同时福利制度也败坏了工作道德，助长了人们的懒惰情绪。为了防止福利制度被滥用，公众要求穷人为自己的行为负责，而不该由政府来养活。这也是克林顿政府工作福利改革的主要思路。

四

福利制度所包含的人性理念与实际不符，具有强烈的乌托邦色彩。福利制度是建立在“受益者的自觉”这样一种想当然的假设之上，以为具备劳动能力的福利享受者都会把福利当作特殊情况下的无奈选择，是被迫且暂时的，只要一有机会实现自立，他们就一定会放弃福利重新回归劳动力市场。这一假设未免高估了人性。从现实的情况来看，不劳而获、好逸恶劳才是人的本性。免费的福利项目成为一些人难以抗拒的诱惑，从中尝到甜头之后就不再想着脱身，更有人利用欺骗等手段千方百计地成为福利名单上的一员。原本是出于慈善之心而设计出来的福利制度却遭遇被滥用的尴尬，这不能不说是同情心的悲剧。

就人的天性而言，西方社会长期以来秉承的是性恶论，即认为人的初始状态是自私。这也是西方社会以法治国的思想基础。作为性恶论者的代表人物，托马斯·霍布斯 (Thomas Hobbes) 和大卫·休谟 (David

Hume) 都对人性做出了具体的阐述。霍布斯认为，人的天性是要追求自己的利益，所以理性要求每个人都爱自己；休谟更是强调自私和人性的不可分离，他说："我们承认人们有某种程度的自私；因为我们知道，自私是和人性不可分离的，并且是我们的组织和结构中所固有的。"[1] 虽然洛克就人性提出了"白板说"，否认人脑在开始认识前有任何先在的东西，但他同时也认为，人的本性就是追求幸福和快乐，逃避痛苦和灾难，也就是人的趋利避害的本能。因此，从性恶论出发，便容易理解一些福利受益者依赖福利、拒绝工作的缘由了，这实际上是一种基于人的本性的自然选择。

然而与人性相反的是，社会上的大多数人并没有陷入福利的诱惑，他们依然辛苦工作，自立自强，这是后天习得的社会道德在起着约束的作用。社会道德是由相对稳定的社会群体所认同的道德。它是群体利益的精神外化，是社会存在的纽带。一个社会有什么样的道德生活是由客观历史决定的，即由社会的经济、政治制度客观规定的。某种社会道德一经形成，便具有相对的稳定性。美国社会在思想上深受清教主义和个人主义的影响，在经济上受到成功哲学的驱动，形成了自力更生、勤奋节俭的工作价值观。虽然随着时代的变迁，这一价值观发生了一定的变化，但其自力更生、勤奋工作的核心思想仍然得到社会的普遍认同，并反过来发挥着监督个人行为的作用。然而，在当今社会，由于福利制度对人性的挑战，传统的工作伦理观念在某些人身上失灵了。

福利制度对工作伦理的破坏引起了社会的广泛关注。早在上世纪60 年代一些知识分子就开始撰文批评福利制度对社会道德的颠覆作用，这股批评的风潮在八、九十年代呈现出一边倒的趋势，并且得到了大众的支持，以工作换福利的改革势在必行。工作福利的最终确立标志着美国社会开始认真审视福利制度包含的人性理念的不足之处，也体现了通过立法加以整改的决心。

---

1 〔英〕休谟著，关文运译：《人性论》，商务印书馆 1997 年版，第 625 页。

附 录

文中主要作品名称中英文对照（以文中出现的先后为序）

第一章　工作、财富与上帝

《论基督徒之自由》“The Freedom of A Christian”

《基督仁爱之典范》“A Model of Christian Charity”

《愤怒上帝手中的罪人》“Sinners in the Hands of an Angry God”

《一个身负圣召的基督徒》“A Christian at His Calling”

《做好事》*Essays to Do Good*

《免罪申请》“The Application of Redemption”

《良序家庭》*The Well-Ordered Family*

《新英格兰启蒙书》*New England Primer*

《商业规则》“Rules of Trading”

《本笃规则》“Rule of Saint Benedict”

《三个等级》*The Three Orders, Feudal Society Imagined*

《新教伦理与资本主义精神》*The Protestant Ethic and the Spirit of Capitalism*

《奢侈与资本主义》*Luxury and Capitalism*

《社会中的宗教——一种宗教社会学》*Religion in Society: A Sociology of Religion*

《韦伯之前的命题：追根溯源》“The Thesis before Weber: An Archaeology”

《论人的职业与圣召》“Treatise of the Vocations or Callings of Men”

《马克斯·韦伯、新教和1900年前后的争论背景》“Max Weber, Protestantism, and the Debate around 1900”

《威斯敏斯特信纲》*The Westminster Confession of Faith*

第二章 工作、地位与成功

《反贪婪》“A Caveat against Covetousness”

《罗伯特·凯恩的忏悔：一个清教商人的自画像》*The Apologia of Robert Keayne: The Self-Portrait of a Puritan Merchant*

《论宗教情感》“A Treatise Concerning Religious Affections”

《美国的成年》“America's Coming-of-Age”

《自传》*Autobiography*

《穷理查年鉴》*The Poor Richard's Almanac*

《给一个年轻商人的忠告》“Advice to A Young Tradesman”

《致富之路》“The Way to Wealth”

《神圣的儿童》“Godly Children”

《父母的喜悦》“Parents' Joy”

《被警告的年轻人》“Young People Warned”

《垂死父亲留给唯一孩子的遗产》“ A Dying Father's legacy to an Only Child”

《给孩子们的纪念品：详细的改悔记录，几个儿童神圣且模范的一生和可喜的死的故事》*A Token for Children, Being an Account of the Conversion, Holy and Exemplary Lives and Joyful Deaths of Several Young Children*

《已故的本杰明·富兰克林》“The Late Benjamin Franklin”

《实践教育》*Practical Education*

《父母的助手》*The Parent's Assistant*

《管理和训练年轻人的有效办法》*The Gentle Measures in the Management and Training of the Young*

《不浪费，不匮乏》"Waste Not, Want Not"

《懒惰的劳伦斯》"Lazy Lawrence"

《罗洛学说话》*Rollo Learning to Talk*

《罗洛学识字》*Rollo Learning to Read*

《罗洛劳动记》*Rollo at Work*

《罗洛玩耍记》*Rollo at Play*

《罗洛上学记》*Rollo at School*

《勤劳是宝》"Industry A Treasure"

《勤劳的优势》"Advantages of Industry"

《休·懒惰和勤劳先生》"Hugh Idle and Mr. Toil"

《八个表兄妹》"Eight Cousins"

《杰克·哈耶德》*Jack Halyard*

《轮船俱乐部》*The Boat Club*

《工作与成功》*Work and Win*

《一点一点进步》*Little by Little*

《奋斗与成功》*Strive and Succeed*

《锐意进取》*Forging Ahead*

《拼搏向上》*Struggling Upward*

《从乡村男孩到参议员》*From Farm Boy to Senator*

《定能崛起》*Bound to Rise*

《步步高升》*Risen from the Ranks*

《烂衫迪克》*The Ragged Dick*

第三章　劳动异化与工作伦理的改变

《镀金时代》*The Gilded Age*

《进步与贫困》*Progress and Poverty*

《闲懒富豪生活录》*The Passing of the Idle Rich*

《物种起源》*The Origin of Species*

《心理学原理》*The Principles of Psychology*

《综合哲学》*A System of Synthetic Philosophy*

《人口论》*An Essay on the Principle of Population*

《社会静力学》*Social Statics*

《财富》"Wealth"

《社会各阶级的相互责任》*What Social Classes Owe to Each Other*

《被遗忘的人》*The Forgotten Man*

《另一半人如何生活》*How the other Half Lives*

《贫困》*Poverty*

《青春期》*Adolescence*

第四章　时代的困惑

《另一个美国》*The Other America: Poverty in the United States*

《看不见的穷人》*Our Invisible Poor*

《救济：这片荒芜的土地和它的开垦》"Relief: No Man's Land and Its Reclamation"

《联邦推土机》*The Federal Bulldozer*

参考书目

A. Levitan, Sar & Clifford Johnson. *Beyond the Safety Net: Reviving the Promise of Opportunity in America.* Cambridge, Mass.: Ballinger, 1984.

Abbot, Jacob. *Rollo at Work*. Boston: Philips Sampton, and Company, 1855.

Addams, Jane. *Twenty Years at Hull-House*. New York: New American Library, 1960.

Alger, Horatio. *Bound to Rise; or Harry Walton's Motto*. Philadelphia: The John C. Winston Co., 1873.

Alger, Horatio. *Ragged Dick; or Street Life in New York*. Philadelphia: The John C. Winston Co., 1895.

Alger, Horatio. *Risen from the Ranks; or Harry Walton's Success.* New York: New York Book Company, 1910.

Anthony, P. D.. *The Ideology of Work*. London: Tavistock Publications, 1977.

Applebaum, Herbert. *The Concept of Work: Ancient, Medieval, and Modern*. Albany: State University of New York Press, 1992.

Applebaum, Herbert. *The American Work Ethic and the Changing Work Force: An Historical Perspective*. Westport, CT.: Greenwood Press, 1998.

Bainton, Roland. *Here I Stand: A Life of Martin Luther*. New York: Abington Press, 1950.

Barbash, Jack. *The Work Ethic: A Critical Analysis*. Madison: Industrial

Relations Research Association, 1983.

Barry, Florence V.. *A Century of Children's Books*. London: Methuen & Co., 1922.

Beder, Sharon. *Selling the Work Ethic: from Puritan Pulpit to Corporate PR*. New York: Zed Books Ltd., 2000.

Bernstein, Paul. *American Work Values: Their Origin and Development*. Albany: State University of New York Press, 1977.

Besley, Timothy & Coate, Stephen. "Workfare versus Welfare: Incentive Arguments for Work Requirements in Poverty-Alleviation Programs," *The American Economic Review* 1 (1992).

Bloom, Harold. *Bloom's Classics Critical: Benjamin Franklin*. New York: Infobase Publishing, 2008.

Brandes, Stuart D.. *American Welfare Capitalism, 1880-1940*. Chicago: the University of Chicago Press, 1976.

Brauer, Carl M.. "Kennedy, Johnson, and the War on Poverty," *The Journal of American History* 1 (1982).

Breitwieser, Mitchell Robert. *Cotton Mather and Benjamin Franklin: The Price of Representative Personality*. Cambridge: Cambridge University Press, 1984.

Bremer, Francis F.. *The Puritan Experiment: New England Society from Bradford to Edwards*. Hanover: University Press of New England, 1995.

Brody, David. *Workers in Industrial America: Essays on the Twentieth-Century Struggle*. New York: Oxford University Press, 1980.

Bruchey, Stuart W.. *The Colonial Merchant: Sources and Readings*. New York: Harcourt, Brace & World, 1966.

Burtless, Gary. "The Economist' s Lament: Public Assistance in America," *The Journal of Economic Perspectives* 1 (1990).

Bushman, Richard L.. *From Puritan to Yankee: Character and the Social*

Order in Connecticut, 1690-1765. New York: W. W. Norton & Company Inc., 1967.

Carnegie, Andrew. "Wealth," *North American Review* CCCXCI (1889).

Caudill, Edward. *Darwinian Myths: The Legends and Misuses of a Theory*. Knoxville: The University of Tennessee Press, 1997.

Chelf, Carl P.. *Controversial Issues in Social Welfare Policy*. Thousand Oaks, CA.: Sage Publications, 1992.

Chudacoff, Howard P.. *Children at Play: An American History*. New York: New York University Press, 2007.

Constantin, Charles. "The Puritan Ethic and the Dignity of Labor: Hierarchy vs. Equality," *Journal of the History of Ideas* 4 (1979).

Cotton, John. *New England Primer*. Boston: printed by Edward Draper at his printing office, 1777.

Cullen, Jim. *The American Dream: A History of An Idea That Shaped a Nation*. New York: Oxford University Press, 2003.

David, Allen F.. *American Heroine: Life and Legend of Jane Addams*. Chicago: Ivan Dee, 2002.

De Toqueville, Alexis. *Democracy in America*. New York: New American Library, 1956.

Edgeworth, Maria. *The Parent's Assistant.* London: MacMillan, 1907.

Eisenberger, Robert. *Blue Monday: The Loss of the Work Ethic in America*. New York: Paragon House, 1989.

Fisher, Sydney George. *The True Benjamin Franklin* (5th edition). Philadelphia: J. B. Lippincott Company, 1903.

Franklin, Benjamin. *The Poor Richard's Almanac*. Waterloo, Iowa: The U. S. C. Publishing Co., 1914.

Franklin, Benjamin. *The Way to Wealth*. Bedford, MA.: Applewood Books, 1986.

Franklin, Benjamin. *The Writings of Benjamin Franklin* (Vol. 3). New York: The Macmillan Company, 1905.

Franklin, Benjamin. *The Writings of Benjamin Franklin* (Vol. 9). New York: The Macmillan Company, 1906.

Frasca, Ralph. *Benjamin Franklin's Printing Network: Disseminating Virtues in Early America*. Columbia: University of Missouri Press, 2006.

Galbraith, John Kenneth. *The Affluent Society*. Boston: Houghton Mifflin, 1958.

Gardner, Emelyn E.. *A Handbook of Children's Literature: Methods and Materials*. New York: Scott, Foresman and Company, 1927.

Gensler, Howard. *The American Welfare System: Origins, Structure, and Effects*. Westport: Praeger Publishers, 1996.

Geoghegan, Arthur Turbitt. The *Attitude toward Labor in Early Christianity and Ancient Culture*. Washington, D.C.: The Catholic University of America Press, 1945.

Gilens, Martin. *Why Americans Hate Welfare: Race, Media, and the Politics of Antipoverty Policy*. Chicago: The University of Chicago Press, 1999.

Glenn, Norval D & Weaver, Charles N.. "Enjoyment of Work by Full-time Workers in the US., 1955 and 1980," *The Public Opinion Quarterly* 4 (1982).

Gordon, Linda. *Pitied but not Entitled*. New York: Free Press, 1994.

Griswold, A. Whitney. "Three Puritans on Prosperity," *The New England Quarterly* 3 (1934).

Harrington, Michael. *The Other America: Poverty in the United States*. New York: Macmillan Publishing Company, 1994.

Hill, Christopher. "Puritans and the Poor," *Past & Present* 2 (1952).

Hodgson, Geoffrey. *America in Our Time*. Garden City: Doubleday, 1976.

"I'd be a Butterfly," *Parley's Magazine 25 May* 1833.

Jansson, Bruce S.. *The Reluctant Welfare State: American Social Welfare*

Policies. Belmont, CA.: Thomson Books/Cole, 2000.

Johnson, Lyndon. "Howard University Address," June 1965.

Johnson, Russell L.. *Warriors into Workers: The Civil War and the Formation of Urban-industrial Society in a Northern City*. New York: Fordham University Press, 2003.

Kaplan, H. Roy & Tausky, Curt. "Work and the Welfare Cadillac: The Function of and Commitment to Work among the Hard-Core Unemployed," *Social Problems* 4 (1972).

Katz, Michael B.. *In the Shadow of the Poorhouse: A Social History of Welfare in America*. New York: Basic Books, 1986.

Keayne, Robert. "The Last Will and Testament of Robert Keayne," http://www.hks.harvard.edu/fs/phall/05.%20Keayne.pdf, accessed on 16 December, 2015.

Kerr, Hugh T.. *A Compound of Luther's Theology*. Philadelphia: Westminster Press, 1943.

Kuznets, Simons S. & Dorothy S. Thomas, ed.. *Population Redistribution and Economic Growth, United States, 1870-1950*. Philadelphia: American Philosophical Society, 1960.

Lehmann, Hartmut & Roth, Guenther. *Weber's Protestant Ethic: Origins, Evidence, Contexts*. New York: Cambridge University Press, 1993.

Lessnoff, Michael H.. *The Spirit of Capitalism and the Protestant Ethic: An Enquiry into the Weber Thesis*. Hants: Edward Elgar Publishing Limited, 1994.

Luther, Matin. "The Freedom of A Christian," http://www.spucc.org/sites/default/Luther%20Freedom.pdf, accessed on 16 December, 2015.

MacDonald, Dwight. "Our Invisible Poor," *The New Yorker* 19 January 1963.

MacKinnon, Malcolm. "Part I: Calvinism Infallible Assurance of Grace: The Weber Thesis Reconsidered," "Part II: Weber's Exploration of

Calvinism: The Undiscovered Provenance of Capitalism," *The British Journal of Sociology* 2 (1988).

Martin, Frederick Townsend. *The Passing of the Idle Rich*. Garden City: Doubleday, Page & Company, 1911.

Mather, Cotton. *Essays to Do Good*. Boston: Lincoln & Edmands, 1808.

Mead, Lawrence M.. "The Logic of workfare: The Underclass and Work Policy," *Annals of the American Academy of Political and Social Science* Vol. 501(1989)

Meda, Dominique. "New Perspectives on Work as Value," *International Labor Review* 6 (1996).

McCrate, Elaine & Smith, Joan. "When Work Doesn' t Work: The Failure of Current Welfare Reform," *Gender and Society* 1 (1998).

McGuffey, William H.. *McGuffey's Newly Revised Eclectic Third Reader*. Cincinnati: Winthrop B. Smith and Co., 1853.

McGuffey, William H.. *McGuffey's New Fourth Eclectic Reader*. Cincinnati: Winthrop B. Smith and Co., 1857.

McGuffey, William H.. *McGuffey's Fourth Eclectic Reader*. Cincinnati: American Book Company, 1879.

McGuffey, William H.. *McGuffey's Fifth Eclectic Reader*. Cincinnati: American Book Company, 1896.

Meilaender, Gilbert C.. *Working: Its Meaning and Its Limits*. Notre Dame: University of Notre Dame Press, 2000.

Miller, Perry. *The New England Mind: From Colony to Province*. Cambridge: Harvard University Press, 1953.

Miller, Perry. *The Puritans*. New York: Harper Torchbook, 1963.

Morgan, Edmund S.. *The Puritan Family: Religion & Domestic Relations in Seventeenth Century New England*. New York: Harper & Row, Publishers, 1966.

Munnell, A. H.. *The Future of Social Security*. New York: Dover

Publication, 1977.

"Of Good Works," *The Westminster Confession of Faith* Chapter XVI Section I.

"Of Assurance of Grace and Salvation," *The Westminster Confession of Faith* Chapter XVIII Section I.

Oliker, Stacey J.. "Does Workfare Work? Evaluation Research and Workfare Policy," *Social Problems* 2 (1994).

Optic, Oliver. *Little by Little; or The Cruise of the Flyaway*. Chicago: M. A. Donohue, 1860.

Optic, Oliver. *The Boat Club; or The Bunkers of Rippleton*. Boston: Lee and Shepard Publishers, 1897.

Optic, Oliver. *Work and Win; or Noddy Newman on a Cruise*, Boston: Lee and Shepard Publishers, 1865

Osgood, Samuel. "Books for Our Children," *The Atlantic Monthly* Vol. 16 (1865).

Peele, Gillian. *Revival and Reaction: The Right in Contemporary America*. Oxford: Clarendon Press, 1984.

Pemberton, Ebenezer. *The Knowledge of Christ Recommended*. New London: T. Green, 1741.

Perkins, William. "A Treatise of the Vocations or Callings of Men," in Ian Breward, ed. *The Work of William Perkins*. Abingdon: Sutton Courtenay Press, 1970.

Regan, Ronald. "The First Inauguration Speech," 20 January 1981.

Rodgers, Daniel T.. *The Work Ethic in Industrial America: 1850-1920*. Chicago: The University of Chicago Press, 1978.

Rose, Nancy E.. "Gender, Race, and the Welfare State: Government Work Programs from the 1930s to the Present," *Feminist Studies* 2 (1993).

Sandner, David. *The Fantastic Sublime: Romanticism and Transcendence in*

Nineteenth-Century children's Fantasy Literature. Westport, CT.: Greenwood Press, 1996.

Scharnhorst, Gary. *Twayne's United States Authors Series: Horatio Alger Jr.*. Boston: Twayne Publishers, 1980.

Sewall, Joseph. *A Caveat against Covetousness: In a Sermon at the Lecture in Boston*. Boston: printed by B. Green. 1718.

Shepard, Thomas. *Works* (I). Boston: Doctrinal Tract and Book Society, 1853.

Simmons, R. C.. *The American Colonies: From Settlement to Independence*. London: Longman, 1976.

Sisk, John P.. "Rags to Riches," *Children's Literature Review* Vol. 87 (2003).

Spencer, Herbert. "Private Relief of the Poor," *Popular Science Monthly* Vol. 43 (1893).

Sumner, William Graham. *What Social Classes Owe to Each Other*. New York: Harper & Brothers Publishers, 1883.

Sumner, William Graham. *Earth-Hunger and Other Essays*. New Haven: Yale University Press, 1902.

Sumner, William Graham. *War and Other Essays*. New Haven: Yale University Press, 1911.

Sumner, William Graham. *The Challenge of Facts and Other Essays*. New Haven: Yale University Press, 1914.

Sumner, William Graham. *The Forgotten Man and Other Essays*. New Haven: Yale University Press, 1919.

Sundquist, James L.. *Politics and Policy: the Eisenhower, Kennedy and Johnson Years*. Washington D.C.: The Brookings Institution, 1969.

The Annual Report of the Council of the Economic Advisers. 1964.

Tilgher, Adriano. *Work: What It Has Meant to Men Through the Ages*. New York: Harcourt, Brace and Co., 1930.

Todd, Margo. *Christian Humanism and the Puritan Social Order*. Cambridge: Cambridge University Press, 1987.

Thernstrom, Stephan. Poverty and Progress: Social Mobility in a Nineteenth Century City. Cambridge: Harvard University Press, 1964.

Trattner, Walter I.. *From Poor Law to Welfare State: A History of Social Welfare in America*. New York: The Free Press, 1974.

Wadsworth, Benjamin. *The Well-Ordered Family*. Boston, 1712.

"Welfare: Billions to Pay, and a Spreading Revolt," *Time* 1 September 1975.

White, Theodore H.. *The Making of the President 1968*. New York: Atheneum Publishers, 1969.

Wright, Louis B.. "Franklin's Legacy to the Gilded Age," *Virginia Quarterly Review* 22 (1946).

〔英〕阿诺德 · 汤因比著，刘北城等译：《历史研究》，上海人民出版社 2005 年版。

〔美〕阿瑟 · 林克，威廉 · 卡顿著，刘绪贻等译：《1900 年以来的美国史》（中册），中国社会科学出版社 1983 年版。

〔法〕爱弥儿 · 涂尔干著，渠东，付德根译：《职业伦理与公民道德》，上海人民出版社 2006 年版。

〔美〕本杰明 · 富兰克林著，姚善友译：《本杰明 · 富兰克林自传》，生活 · 读书 · 新知三联书店出版社 1958 年版。

〔法〕让 · 波德里亚著，刘成富，全志钢译：《消费社会》，南京大学出版社 2000 年版。

〔美〕查尔斯 · H · 扎斯特罗著，刘鹤群，房智慧译：《社会工作与社会福利导论》（第七版），中国人民大学出版社 2005 年版。

〔美〕查尔斯 · 博哲斯著，符鸿令等译：《美国思想渊源——西方思想与美国观念的形成》，山西人民出版社 1988 年版。

陈华："清教思想与美国精神，"《四川师范大学学报》，2004 年第 4 期。

陈弈平："美国人口外迁与美国的城市化，"《美国研究》，1990 年第 3 期

迟成勇："评析《1844 年经济学哲学手稿》中的异化劳动理论，"《广西大学学报》，2007 年第 5 期。

〔美〕戴维·波普诺著，李强等译：《社会学》（第十版），中国人民大学出版社 1999 年版。

〔美〕丹尼尔·贝尔著，赵一凡，蒲隆，任晓晋译：《资本主义文化矛盾》，生活·读书·新知三联书店出版社 1989 年版。

〔美〕丹尼尔·贝尔著，彭强译：《后工业社会》，科学普及出版社 1985 年版。

〔美〕狄克特·韦克特著，何严译：《大萧条》，北京邮电大学出版社 2009 年版。

丁则民主编：《美国通史——美国内战和镀金时代：1861—19 世纪末》，人民出版社 2002 年版。

杜维明：《现代精神与儒家传统》，生活·读书·新知三联书店出版社 1997 年版。

〔美〕哈特穆特·莱曼，京特·罗特著，阎克文译：《韦伯的新教伦理：由来、根据和背景》，辽宁教育出版社 2001 年版。

〔美〕海伦·K·霍西尔著，曹文丽译：《爱德华滋传》，华夏出版社 2006 年版。

韩启明：《建设美国：美国工业革命时期经济社会变迁及其启示》，中国经济出版社，2004。

郝花："美国工作福利制度评估，"《社会工作》，2007 年第 11 期。

〔美〕罗伯特·斯宾勒著，王长荣译：《美国文学的周期》，上海外语教育出版社年 1990 版。

〔英〕赫伯特·斯宾塞著，张雄武译：《社会静力学》，商务印书馆 1996 年版。

〔美〕赫伯特·斯坦著，金清等译：《美国总统经济史——从罗斯福到克林顿》，吉林人民出版社 1997 年版。

侯帅："福利国家矛盾中的工作伦理探析——以'奥菲'悖论为视角，"《长春大学学报》，2011年第7期。

胡贤鑫：《〈资本论〉伦理思想研究》，湖北人民出版社2006年版。

〔美〕霍夫斯达特著，俞敏洪，包凡一译：《改革时代——美国的新崛起》，河北人民出版社1989年版。

姬东："《致富之路》中富兰克林清教思想初探，"《外国文学研究》，2004年第6期。

〔美〕杰里米·阿塔克，彼得·帕赛尔著，罗涛等译：《新美国经济史：从殖民地时期到1940年》，中国社会科学出版社2000年版。

〔美〕康马杰著，南木等译：《美国精神》，光明日报出版社1988年版。

〔美〕拉尔夫·德·贝茨著，南京大学历史系英美对外关系研究室译：《1933—1973年美国史》（下卷），人民出版社1984年版。

〔美〕理查德·霍夫斯塔特著，郭正昭译：《美国思想中的社会达尔文主义》，联经出版事业公司1981年版。

李丹，徐辉："欧美国家的工作福利政策及其启示，"《厦门大学学报》，2008年第4期。

李富明主编：《美国总统全传——富兰克林·罗斯福》，青苹果电子图书系列

李剑鸣：《大转折的时代——美国进步主义运动研究》，天津教育出版社1992年版。

李剑鸣：《美利坚合众国总统就职演说全集》，天津人民出版社1996年版。

林大均："美国工作伦理观念之演变，"《劳工之友》，1991年第5期。

林培泉："浅谈《圣经》中的工作伦理观，"《金陵神学志》，2007年第1期。

刘春水："富兰克林《自传》与实用主义精神，"《江西社会科学》，2006年第1期。

刘绪贻主编：《美国通史——战后美国史：1945—2000》，人民出版社

2002 年版。

刘绪源：《儿童文学的三大母题》，少年儿童出版社 1995 年版。

鲁运庚：“北美殖民地时期童工劳动与清教观念，”《中国社会科学院研究生院学报》，2009 年第 4 期。

〔英〕洛克著，瞿菊农，叶启芳译：《政府论》，商务印书馆 1996 年版。

〔美〕罗纳德 · 里根著，本书翻译组译：《里根自传》，东方出版社 1991 年版。

〔美〕罗纳德 ·L· 约翰斯通著，尹金黎，张蕾译：《社会中的宗教——一种宗教社会学》，四川人民出版社 1991 年版。

〔美〕罗斯福著，关在汉译：《罗斯福选集》，商务印书馆 1982 年版。

〔德〕马丁 · 路德，菲利普 · 梅兰希顿著，逯耘译：《协同书》（第三册），译林出版社 2003 年版。

〔德〕马克思著，刘丕坤译：《1844 年经济学哲学手稿》，人民出版社 1979 年版。

〔德〕马克思，恩格斯著，翻译组译：《马克思恩格斯全集》（第 35 卷），人民出版社 1956 年版。

〔德〕马克斯 · 韦伯著，于晓、陈维纲译：《新教伦理与资本主义精神》，陕西师范大学出版社 2006 年版。

〔美〕马文 · 奥拉斯基著，美国政要热读编委会译：《美国同情心的悲剧》，北京出版社 2004 年版。

〔美〕麦金太尔著，龚群等译：《德性之后》，中国社会科学出版社 1995 年版。

〔美〕纳尔逊 · 曼弗雷德 · 布莱克著，许季鸿等译：《美国社会生活与思想史》，商务印书馆 1994 年版。

牛文光：《美国社会保障制度的发展》，中国劳动社会保障出版社 2004 年版。

钱满素：《美国文明》，中国社会科学出版社 2001 年版。

钱满素：《美国自由主义的历史变迁》，生活 · 读书 · 新知三联书店出版社 2006 年版。

钱满素：《我有一个梦想》，中国社会科学出版社 1993 年版。

钱满素："清教神权的'半途契约'——新英格兰殖民史片断，"《社会科学论坛》，2002 年第 4 期。

《圣经》和合本，国际圣经协会有限公司 1995 年版。

〔美〕萨克文·伯科维奇著，蔡坚译：《剑桥美国文学史》（第一卷），中央编译出版社 2008 年版。

〔美〕汤普逊著，耿淡如译：《中世纪社会经济史》（上），商务印书馆 1961 年版。

〔法〕托克维尔著，董果良译：《论美国的民主》，商务印书馆 1988 年版。

王秀美：《基督教史》，江苏人民出版社 2006 年版。

王亚平：《修道院的变迁》，东方出版社 1998 年版。

〔美〕威廉·曼彻斯特著，朱协等译：《光荣与梦想：1932—1972》，海南出版社 2004 年版。

〔美〕沃浓·路易·帕灵顿著，陈永国译：《美国思想史：1620—1920》，吉林人民出版社 2002 年版。

吴必康编：《英美现代社会调控机制——历史实践的若干研究》，人民出版社 2002 年版。

〔美〕西奥多·索伦森著，复旦大学世界经济研究所译：《肯尼迪》，上海译文出版社 1981 年版。

〔古罗马〕西塞罗著，王焕生译：《论义务》，中国政法大学出版社 1999 年版。

〔美〕茜亚·凡赫尔斯玛著，王兆丰译：《加尔文传》，华夏出版社 2006 年版。

信长星："从救济到工作——美国的社会福利制度改革及其启示，"《中国就业》，2001 年第 8 期。

〔英〕休谟著，关文运译：《人性论》，商务印书馆 1997 年版。

杨冠琼主编：《当代美国社会保障制度》，法律出版社 2001 年版。

杨立雄："贫困理论范式的转向与美国福利制度改革，"《美国研究》，2006 第 2 期。

俞金尧："儿童史研究四十年，"《中国学术》，2001 年第 4 期。

余英时：《中国近世宗教伦理与商人精神》，联经出版事业公司 2004 年版。

袁雪生：《〈富兰克林自传〉与美国精神》，中国社会科学出版社 2008 年版。

张敏谦：《大觉醒——美国宗教与社会关系》，时事出版社 2001 年版。

张铁锦主编：《美国总统档案》（第二卷），九州图书出版社 1999 年版。

张绥：《基督教会史》，生活·读书·新知三联书店出版社 1992 年版。

张友伦：《美国工业革命》，天津人民出版社 1981 年版。

后记

工作伦理的研究涉及整个人类社会的根基，是一个值得深入探讨的题目。与其他民族的工作伦理相比，美利坚民族的工作伦理的变化发展具有鲜明的特征与独特之处，但目前相关研究大多是片断式的，缺乏纵向的历史发展格局。本书希望通过厘清美国工作伦理在历史发展过程中的演变，为工作伦理的研究提供一个具体的案例，以便更清楚地了解工作伦理的实践与问题。

工作伦理涉及的内容庞杂，宗教、文化、政治、思想、经济等等方面的变化发展都可以对工作伦理造成一些影响。特别是在进入现代社会之后，美国政治经济文化等的多元性与复杂性已不可同日而语，人们对工作的认识和理解也呈现出多样的、甚至是矛盾冲突的特点。在这些复杂的因素中找出一条线索，还要全面清晰地加以论述，实属不易。斟酌之下，我决定放弃大而全的想法，选择从美国各个历史时期有代表性的文本文献入手进行分析，只是在最后一章中根据实际情况加重了国家政策的分量。

社会在不断发展变化，个人的思想在不断地修正，工作伦理也随之不断演化，只要人类社会还在，这一过程就不会停止。一本书却必定有个了结的时候。时间的仓促和认识的局限注定了它有许多的遗憾与不足，还望读者多多包容，不吝赐教。知识的积累与研究的深入是一个漫长的过程，我现在只是踏出了万里长征的第一步，求索之路仍漫漫兮。

本书能够顺利完成，首先要感谢的是我的导师钱满素教授。十余年前，我受到钱老师开创的美国文明研究的吸引，求告于门下，有幸被收为弟子。这些年来我深深为她的人格魅力和学术境界所折服。每每与钱老师交谈，都震撼于她渊博的知识、开阔的视野和独到的见解，这无疑也是对我学术追求的激励。钱老师不仅学问做得好，而且治学严谨、为人慈爱豁达，可以说道德、文章皆为后学楷模。这本书从最初的选题到最后的定稿都得到了钱老师的许多帮助，可以说，没有她的鼓励和支持，此书恐不能成。完稿之余，私心所愿这本书能够不辱师教。

本书能够顺利出版与南京师范大学外国语学院的大力支持是分不开的。在张杰院长以及其他领导和同事的帮助下，它被列为江苏高校优势学科建设工程资助项目，解决了出版所需的一些后续事宜，在此特表感谢。南师大外国语学院的各位同事，以及我的各位同门，他们在工作和学习中给予我的帮助让我铭记于心，在此一并谢过。家人对我的体谅和帮扶也是让我坚持到最后的动力之一，我对此感激不尽。

索　引

D

F

G

H

J

K

L

M

N

P

Q

X

Y

Z